宇宙探索大揭秘

我们的家园

赵冬瑶　韩雨江　李宏蕾◎主编

吉林科学技术出版社

阅读指南

在浩瀚无垠的宇宙中闪烁着一颗如宝石般美丽的蓝色星球，它千变万化，拥有美丽的景色，它就是人类与动植物共同的家园——地球。我们生活在这个美丽的地球上，感受着地球带给我们的神奇。你可曾想过地球是如何诞生的？地球上为什么会有日夜更替？大洋、大陆是如何形成的？地球是目前人类所知唯一存在复杂生命的星球，生命使地球变得与众不同，然而生命的起源又是什么呢？本书对上述问题一一做了解答。本书语言生动有趣，知识点丰富精准，让你在学习知识的同时感受到阅读的趣味。

主标题

主文字
地球的解说释义

知识小贴士
介绍特殊现象的小知识点

小问答
解答未知问题的小答案

火山分类

按照活动情况划分，火山可以分为三种。第一种是活火山，它们在一定的周期内处于持续喷发的状态。第二种是死火山，它们在史前曾经喷发过，但已经丧失了活动能力。第三种是休眠火山，它们曾经喷发过，但是长期处于相对静止的状态。

但是这种分类没有严格的界限，不是一成不变的。休眠火山在不特定的时间内可能复苏，死火山也有“复活”的可能性。

火山

火山是一种会喷发岩浆和多种物质的山体，是一种常见的地貌形态，是由固体碎屑或熔岩流在它的喷出口堆积形成的。火山爆发的时间不是固定的，有时一年内常有爆发，有时几百上千年才会爆发一次。火山爆发很剧烈，会对山体及周围的环境产生巨大的影响。在它爆发时，会同时喷发出固体、液体、气体和光、电、磁等放射性物质，这些物质会对电子仪器产生干扰，致使附近的轮船、飞机等发生事故，有时也会导致人类丧命。

火山的破坏性

火山既是地球上的一道风景，也是人们不可控制的灾难。火山的喷发会导致大量火山灰和暴雨结合形成泥石流，冲毁道路、桥梁、房屋，甚至也会将人类淹没。火山爆发时喷出的火山灰和火山气体，会对气候造成极大的影响，同时也会破坏环境。

火山是怎样形成的

火山的历史非常悠久，它的形成是一系列的物理化学过程。在地球内部，存在着大量的放射性物质，这些物质在自然状态下衰变，产生巨大的热量。这些热量无法散发到地面，导致地球内部温度不断升高，直到把岩石熔化，形成高温熔化状态下的岩浆。当岩浆达到一定的温度时会冲破地壳喷出地面，喷发出的固体物质和熔岩流等液体在周围堆积，就形成了火山。

活火山数量

全世界活火山有 534 座，在全新世喷发过的火山约 1500 多个。

岩浆分为原生岩浆和再生岩浆。

火山爆发的价值

火山爆发具有不固定性、不可控制性和巨大的破坏性，但它的爆发在某些方面也能给人们带来好处。火山灰覆盖到农田上，能让整片的土壤吸收养分，从而使土地更加肥沃。火山还能给人们带来地热资源。地热能是一种无污染的廉价新能源，被广泛地应用于人们的生活中。

36 37

知识科普

知识点
介绍我们的家园的特性、规律、属性等信息

趣味探索
关于地球的趣味性小探索知识

知识指引
详细指示知识点相应位置

软件操作说明

1 下载《宇宙探索大揭秘》增强现实互动 App，根据屏幕上的提示，进入互动界面。

2 图书中带有“扫一扫”标识的页面，会有扩展的增强现实的交互体验内容。

3 将图书平摊，打开 App，进入扫一扫界面，对准图书中的内容，调整模型在屏幕上的大小，以便达到更好的识别效果。

4 在可见的区域内，通过远近距离的调整，能够多角度地观察增强现实所呈现的立体效果。

5 点击移动终端屏幕内的图标能够呈现不同的效果，360° 观看、结构剖析、原理动画等功能将在你的操作下同时得以实现。

目录

第一章 我们的地球

第二章 地球的生态系统

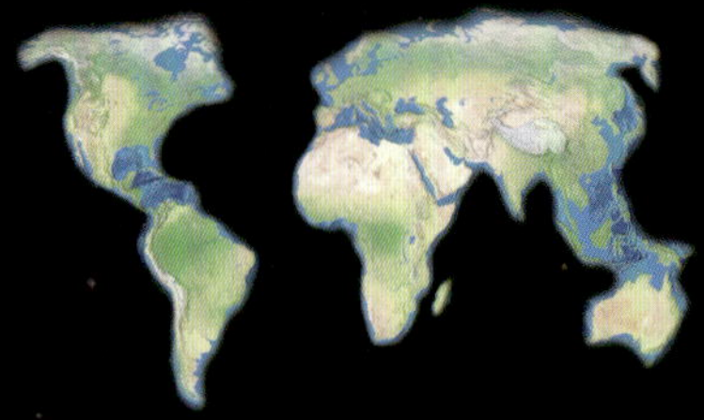

第三章 大洲

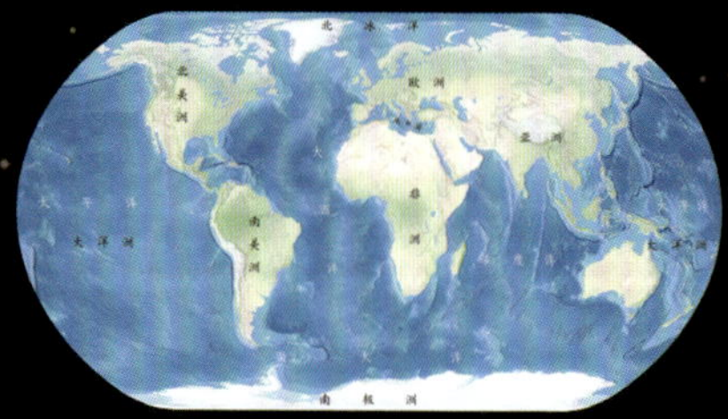

第四章 大洋

第五章 自然现象与灾害

第六章 生命的演化

第七章 生物的种类

第八章 岩石与矿物

第一章　我们的地球

美丽的地球是浩瀚宇宙中一颗蓝色的星球，它是我们生存的家园。从非洲草原到热带雨林、从南极到北极、从大海到陆地、从沙漠到冰川，无数的生物以其绝美的形式生存在地球上。一年之中春、夏、秋、冬，四季更替，无时无刻不呈现着地球的脉动。地球带给我们无尽的美的享受，快和我一起来了解我们美丽的星球吧！

地球的诞生

地球是太阳系八大行星之一，按照距离太阳由近及远的顺序排在第三位，它距离太阳约 1.5 亿千米。地球是名副其实的“老寿星”，大约在 46 亿年前，它就已经诞生了。地球是在太阳诞生之后诞生的，它起源于原始太阳星云，刚诞生的地球与现在的地球模样大不相同。地球就像一个不知疲倦的大陀螺，沿着自转轴自西向东不停地旋转着，它自转一圈的时间大约是 24 小时，为一天。同时它还要围绕着太阳公转，公转一圈的时间大约是 365 天，为一年。

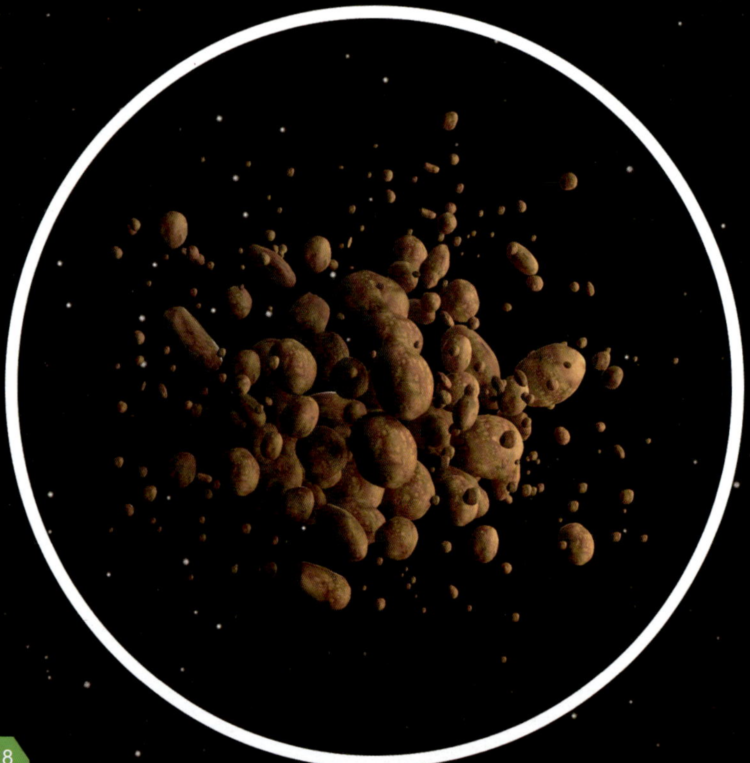

天然卫星

地球的唯一天然卫星是月球，它们共同组成了地月系统。

现在的地球

地球的演化过程是漫长而神奇的。最初，它是由岩石的碎片聚合而成的，现在，它是孕育生命的大家园。现在的地球，从太空上看呈蓝色，就像一个大水球，海洋面积约占 71%。地球为人类等各种生物提供了生存环境，如我们生存所必需的空气、水等各种资源，都是地球赋予的。同时，地球的旋转让世界不再单调，它区分了白天和黑夜，有了春、夏、秋、冬的交替。

地球

地球与太阳之间的距离恰好使得水能够以液态形式存在。

火球阶段

此时期地球拥有发生着氢原子核聚变的内核，它的表面与太阳有着相同的核聚变反应。地球的内核熔化了很多物质，形成了大面积的岩浆。在地球内核被撞击和挤压后，它的密度变大，引力变大，内核的能量也被成倍地释放出来，在这一阶段，地球完全成了一个“大火球”。

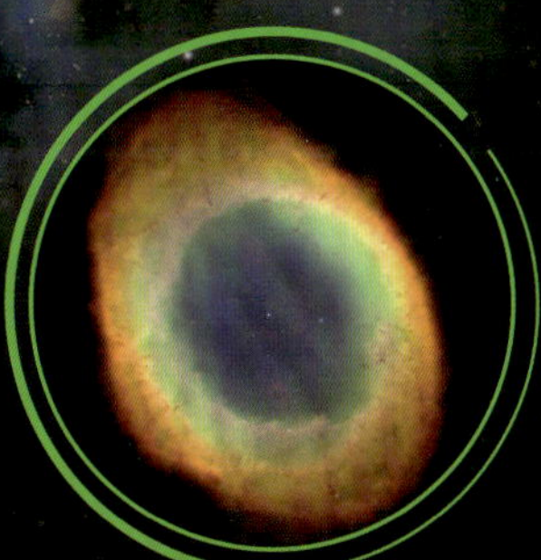

星球的起源

在大约 46 亿年前，太阳诞生了。新生的太阳周围被许多碎片、气体和尘埃环绕着，它们在一个圆盘状的轨道上不停旋转。这些尘埃和气体微粒相互碰撞，形成了体积更大的微粒，地球就是这其中的一分子。

碰撞出的忠实伴侣

在地球身边，有一位忠实伴侣，40 多亿年来，一直围绕着地球回旋不息，从未离开，它便是月球。关于月球的起源，“分裂说”“同源说”“俘获说”这些假说一直不是很令人满意。20 世纪 80 年代初期提出的“大碰撞说”引起了人们关注：地球诞生不久，它遭受了一个大小和火星近似的天体的猛烈撞击，撞击的碎片聚集形成了月球。“大碰撞说”能解释更多的观测事实，是当前较合理的月球起源假说。

地球的结构

人们生活在地球表面，这里有河流山川、花草树木和各种风格迥异的建筑物。人们发明了各种交通工具，创造了不同地域的文化，使地球上的生活丰富多彩。地球得以承载万物，主要是因为它的内部能量非常巨大。地球的内部结构是三个同心圈层，这三个同心圈层的组成物质不同，它们按照由内到外的顺序依次被分化为地核、地幔、地壳。如果给地球内部结构做个生动形象的比喻，它就像一个鸡蛋，地核是最内部的蛋黄部分，地幔是中间的蛋白部分，地壳是最外面的蛋壳部分。

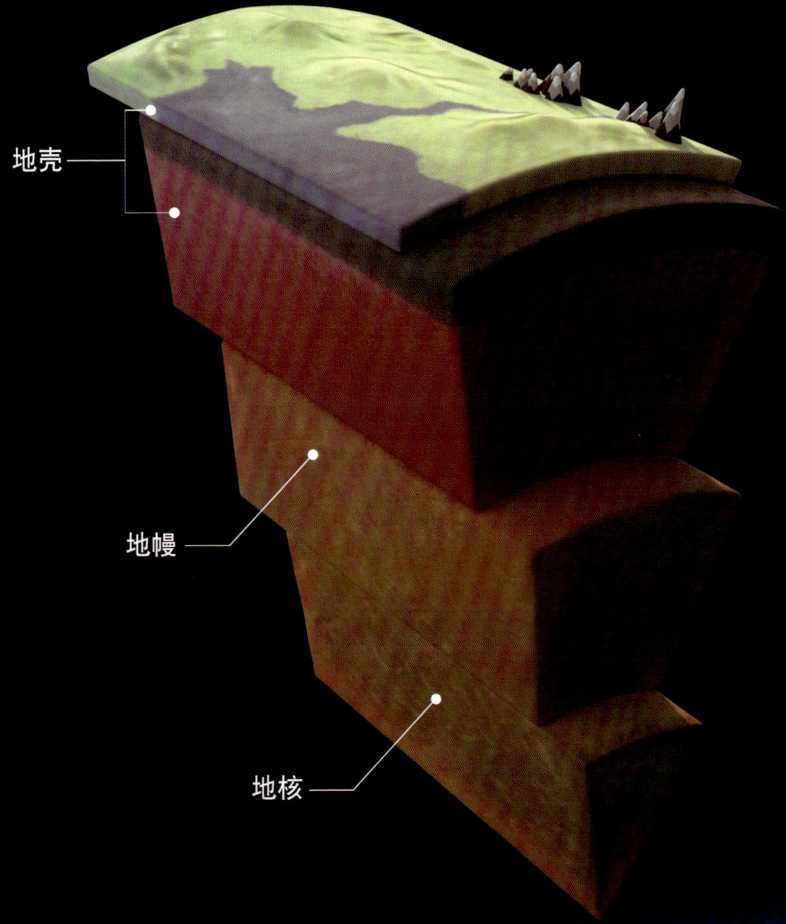

地幔

地幔位于地壳和地核之间，厚度为 2883 千米。它又可分为上地幔和下地幔。上地幔顶部主要由橄榄石、辉石、石榴子石组成。下地幔的温度、压力和密度明显增大，内部物质是具有可塑性的固态。

地核

地核主要是由铁和镍（niè）及少量的硅、硫组成的，又分为内核和外核。科学家推测，内核可能是固态的，主要是由铁－镍合金组成的，可能是在强烈高压下结晶的固体。而外核可能是液态的，主要是由铁和镍组成的。

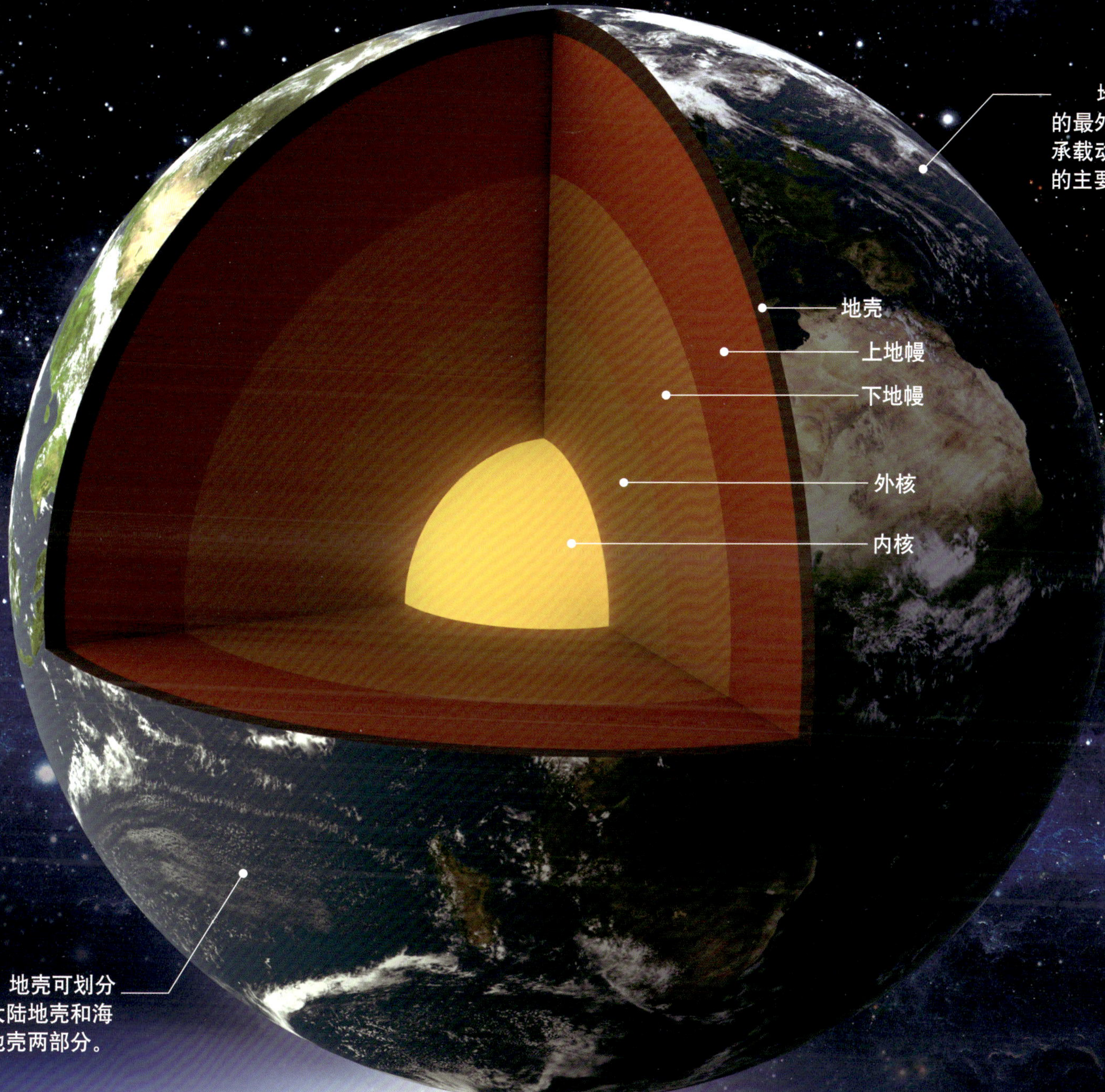

地壳是固体地球的最外层圈，它是地球承载动植物和人类生存的主要物质基地。

地壳可划分为大陆地壳和海洋地壳两部分。

扫一扫

扫一扫画面，立体图就可以跳出来啦！

地壳

地壳是指地球表面以下、莫霍界面以上的固体外壳。地壳的厚度不均匀，它的变化规律是：地球大范围固体表面海拔越高，地壳越厚，海拔越低，地壳越薄。高山、平原地区地壳厚度较大，海洋区域地壳厚度较小，大约只是高山地区地壳厚度的 1/10。地壳的组成物质除了沉积岩外，基本上都是花岗岩、玄武岩等。

地球外部圈层

地球以软流圈为界被分为内部和外部。地球的外部圈层可分为大气圈、水圈、岩石圈和生物圈四个部分，这些圈层围绕地球表面各自形成一个封闭的体系，它们有着各自的特点和表现形式，但又相互关联、相互影响、相互作用，共同促进地球外部的演化。

人类和其他有生命的群体生活在地球的外部圈层，外部圈层提供了生命生存的必要物质条件。地球外部的四大圈层是一个和谐的整体，它们之间的关系密切，有着广泛的物质能量的交换和传输，形成了各种自然现象和自然景观。

大气圈

大气圈又称“大气层”，是因重力关系而围绕地球的一层混合气体，它包围着海洋和陆地，是地球最外部的气体圈层。大气圈的气体主要有氮气、氧气、氩气，还有少量的二氧化碳和微量气体，这些混合的气体就是空气。大气圈按照从低到高的次序分为对流层、平流层、中间层、热层和外逸层。大气圈的最底层是对流层，距离地球表面最近。对流层中的大气受地球影响较大，云、雾、雨等现象都是在这一层发生的，水蒸气也几乎都在这一层存在。

岩石圈

岩石圈是由地壳和上地幔顶部组成的，相比于它下部的软流圈要坚硬一些。岩石圈存在的基础是三大类岩石：岩浆岩、变质岩和沉积岩。岩石圈的物质循环过程表现在地表形态的塑造上。现在我们看到的山脉、盆地、流水、冰川、风成地貌等，都是岩石圈的物质循环在地表留下的痕迹。岩石圈中有丰富的矿物资源，这些矿物既是构成地壳岩石的物质基础，也是人类生产和生活资料的重要来源。

生物圈

生物圈是地球特有的圈层，也是地球上最大的生态系统，它指的是地球上有生命活动影响的地区，是地球上所有生物与其环境的总和。生物圈是一个生命物质与非生命物质自我调节的系统，它的形成是生物界与大气圈、水圈及岩石圈长期相互作用的结果。

水圈的面积比例很大，它是最活跃的一个圈层。

水圈

水圈是地球外部结构中最活跃的一个圈层，也是一个连续不规则的圈层。水圈是指存在于地球表层和大气层中各种形态的水，包括液态、气态和固态的水。水是地球表面分布最广的物质，具有十分重要的作用，它是人类和动植物生存的必要条件之一。

地球运动——公转与自转

地球是目前人类已知的唯一存在生命的天体，世界万物在它的“怀抱”中得以繁衍生息。高山流水、花草树木、云雾雨雪、生物等现象，都是地球赋予我们的。地球上的生命，或运动，或静止，都拥有自己的生存方式。地球自诞生以来一直在运动着。地球运动主要是指地球公转和自转，它的运动遵循着不同的规律，也产生了不同的现象。地球的自转和公转产生了昼夜的交替和四季的更迭，这些现象由于纬度的不同，在南、北半球表现得正好相反。

概念的猜想与提出

人们在很早的时候就对地球运动进行了研究，古希腊时期的费罗劳斯和海西塔斯等人曾提出过地球自转的猜想。1543 年，波兰著名的天文学家哥白尼在他的《天体运行论》一书中首先完整地提出了地球自转和公转的概念。这一概念的提出是极大的突破，它改变了人们最初对宇宙的认识，为后面的天文学研究做出了卓越的贡献。

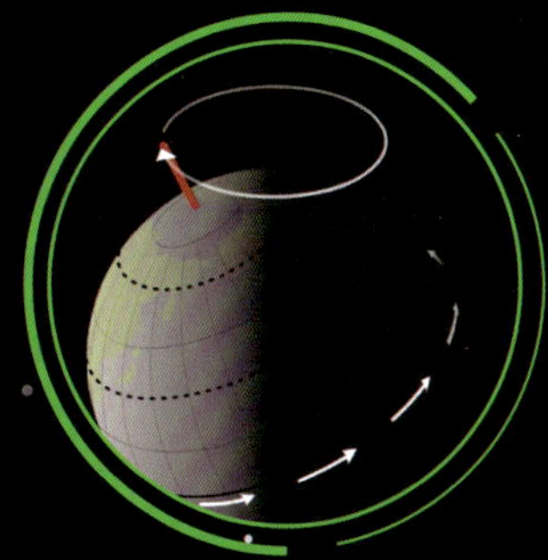

地球自转

地球自转是地球的一种重要运动形式，指的是地球绕自转轴自西向东的自行旋转。地球自转从北极点上看呈逆时针旋转，从南极点上看呈顺时针旋转。地球自转和公转是同时的，它自转一周耗时 23 小时 56 分 4 秒。在自转的同时公转的角度约为 0.986°，折合成自转的速度是 3 分 56 秒。自转加上公转的时间一共是 24 小时，也就是一天。

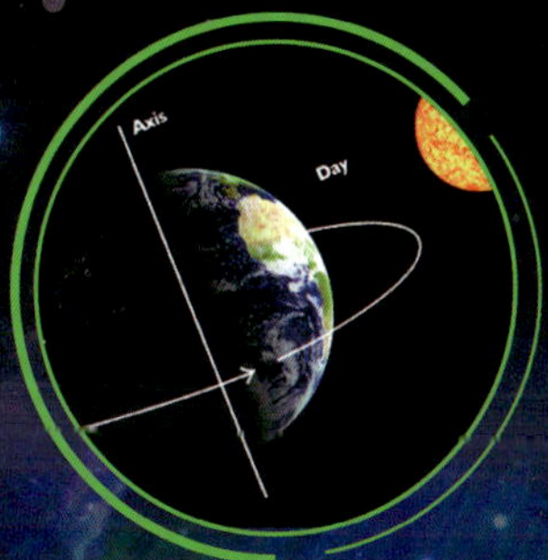

地球公转

地球公转指的是地球沿着一定轨道围绕太阳而转动，是由太阳引力场和地球自转作用导致的，有一定规律。地球公转是一种周期性的圆周运动，它的公转轨道是椭圆形的，公转的速度和地球与太阳的距离有关。当地球经过近日点时，公转速度快，这是一年中地球离太阳最近的时候 。

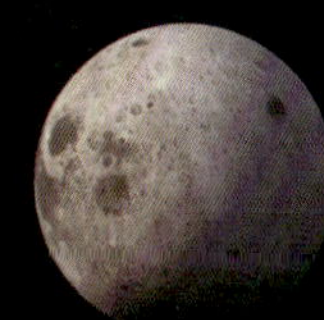

公转与自转的意义

地球运动具有多方面重要意义，它的公转和自转使地球上产生了许多不同的现象。同时，由于黄赤交角的存在和太阳的直射点南北移动，使得正午太阳高度的大小随纬度和季节有规律地变化。地球自西向东自转，同纬度的不同经度地区看见日出的时间会有差别。

傅科摆

第一个用实验证明地球自转的人是傅科，他用傅科摆证明了地球在自转。

地球的四季

大地万物，尤其是人类，对温度的感知是很灵敏的。温度降低，人们会自觉地添加衣物；温度升高，人们会想办法避暑。由于地球公转，产生了四季的交替，温度也就出现了变化。一年四季指的是春、夏、秋、冬四个季节，每个季节时长约 3 个月，且有各自的特点。四季最明显的特征是各地区的气候差异较大，而且在同一地区的不同季节，气候也是不同的。地球上的生物，对季节的变化所表现出来的状态也是不一样的，如大树，在春季生根发芽，在夏季茁壮成长，在秋季枯叶凋落，在冬季雪压枝头。每个季节都有其独特的景致，不同的季节生长的花草树木和水果蔬菜都是不同的。在我国南方城市，四季的变化不是很明显，有些地方四季如春。但是在我国北方城市，特别是东北地区，四季变化十分明显。

春季

春季是一年中的第一个季节，在我国，人们常常把春季称为“万物复苏”的季节。自春季开始，天气逐渐变暖，大地褪去沉重的雪衣，河流水位逐渐上涨。在这时，植物开始发芽生枝，冬眠的动物苏醒，鸟类也开始了大规模的迁徙。春季是耕种的季节，农民们在这时去田间辛勤劳作。民间谚语常说的“一年之计在于春”，体现了春季在人们心中的重要地位。

四季

春、夏、秋、冬是指地球一年的四个季节，是地球围绕太阳公转所形成的。

本节内容以中国所在的北半球为例。

秋

秋季气温逐渐下降，树叶都会变为黄色。

冬

冬季是气温最低的季节，时常下雪。

夏季

地球与黄道面的夹角为 23.5°，当北极靠近太阳时，北半球为夏季，南半球为冬季。夏季是一年中气温最高的季节，大多数地区的夏季气候炎热，干旱缺水。但是，夏季也是降雨量最多的季节，常常上午晴空万里，下午大雨倾盆。夏季是农作物生长的最好时节，充足的光照和适宜的温度为植物的生长提供了必要条件。我国南方的夏季天气尤为炎热，最高气温有时可达40℃以上。

秋季

进入秋季，太阳高度角降低，气温也在逐渐下降，生长了一个夏季的果实和农作物在这时已经成熟，有些更是迫不及待地自己从树上掉落下来。放眼望去，秋季是一片一片的金黄色，树叶不知什么时候被秋风染黄了，渐渐地从树上飘落下来，给大地披上了一条金毯。在我国古代诗词中，秋季的意象是荒凉萧瑟的，文人墨客常常用秋季的景象表达悲伤的情感。

冬季

冬季是最寒冷的季节，许多生物在冬季都减少了生命活动，一些动物还要依靠冬眠躲避严寒。冬季最特殊之处在于降雪，雪是固态的水，是水蒸气遇冷结晶的产物。我国北方，尤其是东北，时常降雪且雪量较大；而南方，几乎不降雪，降雪量也极少。冬季由于室外的温度低，大多数情况下雪不会立即融化，而是堆积在物体表面上。

第二章　地球的生态系统

地球是生命的摇篮，生命能够产生并发展离不开地球独特的环境。地球拥有空气、水和土壤。地球上有冰川、森林、火山、海洋、陆地、生物等，它们共同形成了陆地生态系统和水生生态系统，并构成了多样的自然景观。地球给人类提供了生存的环境资源，使人类能得以生存繁衍，因此我们需要更加努力地去保护它。

森林

森林是高密度树木的集中区域，素有“绿色宝库”之称。森林对二氧化碳下降、动物群落生存、调节水文湍流和巩固土壤起着重要的作用，是构成地球生物圈的重要生态环境。森林占地球陆地面积的 31%，但其面积正在缩小。

立法保护森林

现在，对森林的保护迫在眉睫，很多国家已经建立了关于森林保护的制度和措施。我国对森林的保护尤为重视，实行了以法治林的政策。我国在《中华人民共和国森林法》中明确提出，建立健全森林防火、防治病虫害和制止乱砍滥伐的“三防”体系。2017 年 3 月，国家林业局（现国家林业和草原局）宣布，全国范围内已经实现了全面停止天然林商业性采伐。

森林的特点

森林是生态系统的重要组成部分，它有很多“了不起”的特点。森林的生命周期长，因为它的主体成分是树木，大多数树木的寿命都在几十年以上，有的甚至可以生长成百上千年。森林自身具有生产力，是可以更新的资源，它具有很强的再生能力，能实现可持续利用。

森林的“灾难”

森林是自然界中不可缺少的一部分，也是人们生活中默默无闻的“功臣”。但是，自从新石器时代，人们开始掌握了刀耕火种的技术以后，森林就在逐渐遭受着破坏，那时人们用木材取火、盖房。现在，人们毁林开荒、乱砍滥伐，使森林正在以惊人的速度减少。除此之外，酸雨也在严重侵蚀着森林，造成大片森林衰减，使森林中的树木失去更新和再生的能力。

地球之肺

森林具有杀菌除尘、净化空气的作用，被人们誉为“地球之肺”。

21 世纪初，世界森林面积为 34.5 亿公顷，约占地球陆地总面积的 1/4。

大自然的“调度师”

森林是大自然最伟大的杰作之一，它不仅给陆地增添了绿意，还有着不可替代的重要价值。森林有助于改善人类的居住环境，树叶上的绒毛能吸附和过滤灰尘，减少有害粉尘。森林是大自然的“调度师”，它有效地调节了自然界中空气和水的循环，影响着气候的变化。

海洋

海洋是地球表面被各大陆地分隔成彼此相通的广阔水域，它是“海”和“洋”的总称，约占地球表面积的 71%。海洋中含有的水量约占地球总水量的 97%，而可用于人类饮用的仅占 2%。地球上海洋面积远远大于陆地面积，因此有人将地球称为“大水球”。海洋本身是地球表面最大的储热体，它是地球上决定气候发展的主要因素之一，它的海流是地球表面最大的热能传送带。

海洋的历史很悠久，很早以前人类就在海洋上旅行，从海洋中捕鱼，对海洋进行探索。在航空业发展之前，海洋是人们进行跨大陆运输和旅行的重要通道。现在，海洋对人们的观光出行、各大洲的经济贸易往来贡献依旧很大。

未知海底

目前为止，人类已探索的海底只有 5%，还有 95% 的海底是未知的。

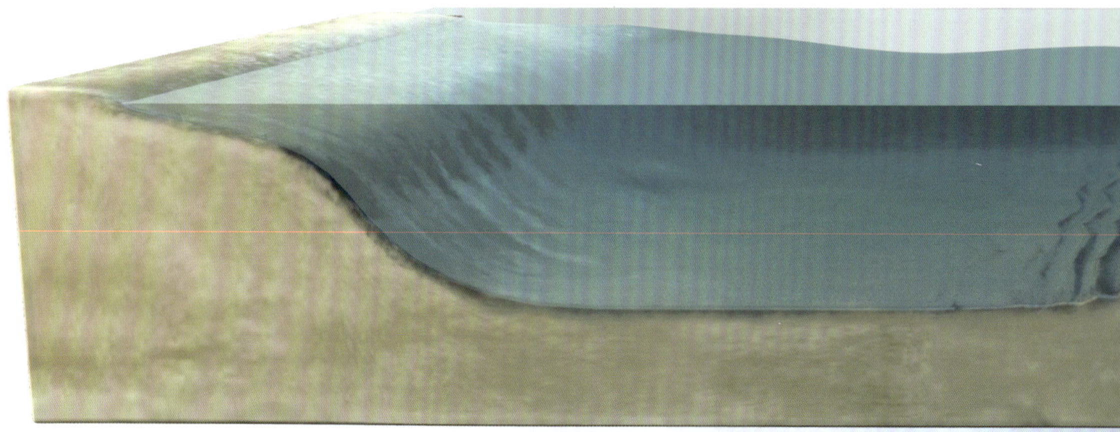

海和洋的区别

洋，是海洋的中心部分，是构成海洋的主体。世界大洋的总面积约占海洋面积的 89%，它水深一般在 3000 米以上，最深处超过 11000 米。大洋离陆地遥远，不受陆地影响，水色蔚蓝，杂质很少。海，是海洋的边缘部分，附属于洋。海的面积约占海洋面积的 11%，它水深比较浅，靠近陆地。它的水温、盐度和海水透明度都受陆地影响。

海洋会“发怒”

人们常说“水火无情”，海洋也是会“发怒”的。海洋灾害的种类非常多，而且往往是来得很急、很凶猛的突发性灾害。海洋灾害主要包括风暴潮灾害、巨浪灾害、海冰灾害、海啸灾害。海洋灾害会威胁海上、海岸上以及靠近的陆地上的人们的生命财产安全，会破坏自然界的生态系统。

海洋是流动的“聚宝盆”

海洋中蕴藏着巨大的矿产资源，根据科学家的考证发现，陆地上已经发现的矿产资源在海洋中几乎都能找到，而陆地上没有的矿产资源，海洋中也有很多种。海洋具有强大的净化能力，它每天为地球分解了大量的有毒物质，还提供了人类 70% 的氧气。海洋是人类赖以生存的基础，是一个流动的“聚宝盆”。

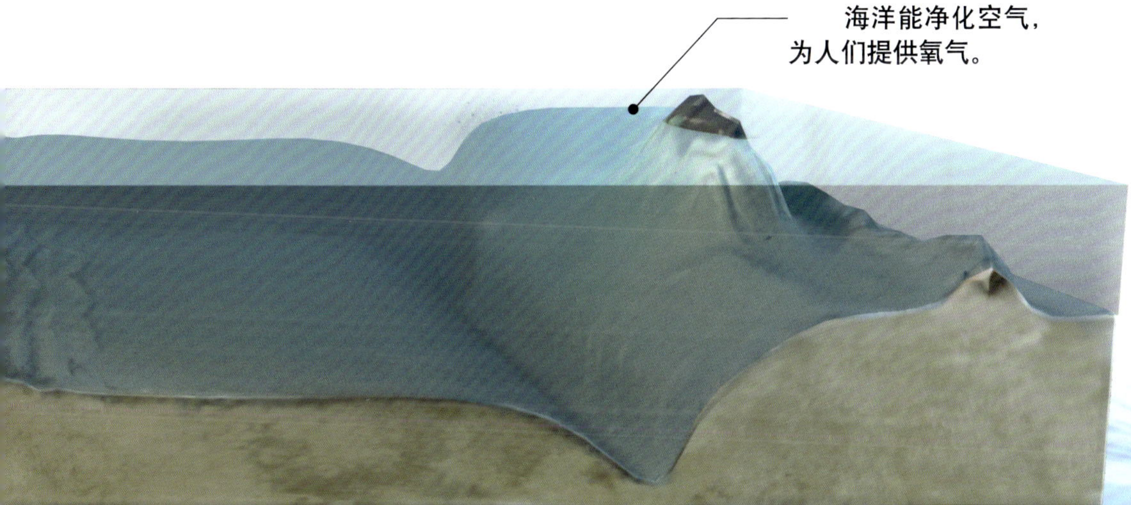

地球之心

海洋是地球的“心脏”，所以也被誉为“地球之心”。海洋有着丰富的生物资源，是人们所需蛋白质的提供基地。

亚洲第一

我国的湿地面积占世界湿地面积的 1/10，位居亚洲第一位，世界第四位。在我国境内，湿地的分布十分广泛，常常一个地区内有多种湿地类型，且一种湿地类型又常常分布于多个地区。湿地上分布着多种多样的动植物，是我国生态系统的重要组成部分。

湿地

湿地是指位于陆生生态系统和水生生态系统之间的过渡性地带，在土壤浸泡在水中的特定环境下，上面生长着很多具有湿地特征的植物。湿地面积只占地球表面的 6%，但是却能为地球上 1/5 的已知物种提供生存环境。世界上面积最大的湿地是位于巴西、玻利维亚和巴拉圭交界处的潘塔纳尔湿地，面积达 24.2 万平方千米。

湿地是人类重要的生存环境之一，它和森林、海洋一起构成地球上的三大生态系统。湿地的类型多种多样，通常分为自然湿地和人工湿地两大类。自然湿地包括沼泽、湖泊、河流、海滩等；人工湿地主要指水稻田、水库、池塘等。

湿地的保护行动

在 20 世纪中后期，经济发展迅速，人们的不合理经济活动导致了很多湿地迅速消失。人们的这些活动中包括围湖、围海造田，直接减少了湿地的面积。在这样的破坏和影响下，包括我国在内的很多国家建立了“湿地保护公约”，已经着手开展对湿地的保护行动。从 1997 年起，将每年的 2 月 2 日定为“世界湿地日”。

“地球之肾”

湿地具有强大的沉积和净化作用，能溶解农业用水中的有毒物质，因此它有着“地球之肾”的美称。湿地中含有大量的水分，在水系统的生态循环中具有重要作用，能防止干旱和洪涝灾害。湿地中的物种十分丰富，富产各种鱼类、虾类、药材等，是极为重要的农业、渔业、牧业和副业资源。湿地中还有着丰富的矿产资源，是重要的油田分布区。

动植物的家园

湿地是富有生物多样性的生态系统之一，仅中国有记载的湿地植物就有 2000 多种，其中包括水松、李氏禾、中华水韭、水杉等，很多珍稀的植物已经被列为一级重点保护的湿地植物。湿地动物的种类也异常丰富，包括爬行类，两栖类等，最为丰富的就是鸟类。湿地的环境是各种鸟类栖息的理想家园，这其中包括了鹤类、雁鸭类、鸥类、鹳类等。

沙漠

沙漠的全称是沙质荒漠，指的是陆地上完全被沙子覆盖、植物和雨水稀少、空气干燥的荒芜地区。沙漠地区多数是流沙或沙丘，泥土稀薄不肥沃，植物很少，甚至在一些盐滩上完全没有植物。沙漠是风积地貌，是在风力的搬运和堆积过程中形成的。地球上，陆地的 1/3 都是沙漠。因为沙漠地区雨水稀少，水分缺乏，所以人们常常觉得沙漠上是没有生命的，这也就是人们把沙漠叫作“荒漠”的原因。沙漠地区和陆地上其他地区相比，确实是荒凉了许多，放眼望去，是一望无垠的黄色。

陆地上的土地沙漠化是人们关注的焦点。沙漠地区面积的扩大意味着人们耕地面积的减少，这不利于生态系统的平衡，也不利于人类的发展生存。很多国家和地区已经采取措施控制土地沙漠化。

仙人掌和骆驼

➡ 沙漠地区虽然很荒凉，但它并不是没有生命存在的不毛之地。沙漠中植物的分布比较稀疏，但是植物的种类有很多，最有代表性的就是仙人掌。仙人掌生命力顽强，喜欢强烈的光照，并且耐炎热和干旱，一场降雨就可以让它维持很长时间不需要水分。沙漠中的动物种类也较多，它们多数都是晚上出来活动。最大的沙漠动物是骆驼，它们能忍饥耐渴，将水分储存在驼峰之中，它们可以几天不喝水仍能在沙漠中长途跋涉。

著名沙漠

在我国著名的沙漠有塔克拉玛干沙漠、古尔班通古特沙漠等。

有价值的自然景观

➡ 人们知道沙漠会造成扬沙和沙尘暴等天气，给人们的生活和出行造成不便。但沙漠是一种很有价值的自然景观，也有可以开发利用的一面。沙漠可以给人们提供许多可开发利用的资源，一些发达国家已经开发利用沙漠风能、光能和热能等气象资源，并取得了成功。

干燥的沙漠

➡ 沙漠地区通常天气晴朗、万里无云，但风力猛烈，最大风力可达到飓风程度。沙漠气候干燥，降水量稀少，有些沙漠地区的年降水量甚至不足 10 毫米。偶尔也会有大暴雨光临沙漠，但是沙漠的蒸发量很大，远远超过了降水量。

沙漠治理的关键是 防风固沙，保护已有植被，并在沙漠地区有计划地栽培沙生植物，造固沙林。

陆地沙漠化

主要是因为陆地上的植被遭到破坏，土地失去了覆盖，在干旱气候和风力作用下，土地慢慢被沙覆盖，逐渐变成了沙漠。土地沙漠化现象主要出现在干旱和半干旱地区。形成沙漠的主要因素是气候。还有一些沙漠是人为形成的，人们不合理的开垦农田、过度放牧等因素，促使了沙漠的形成。

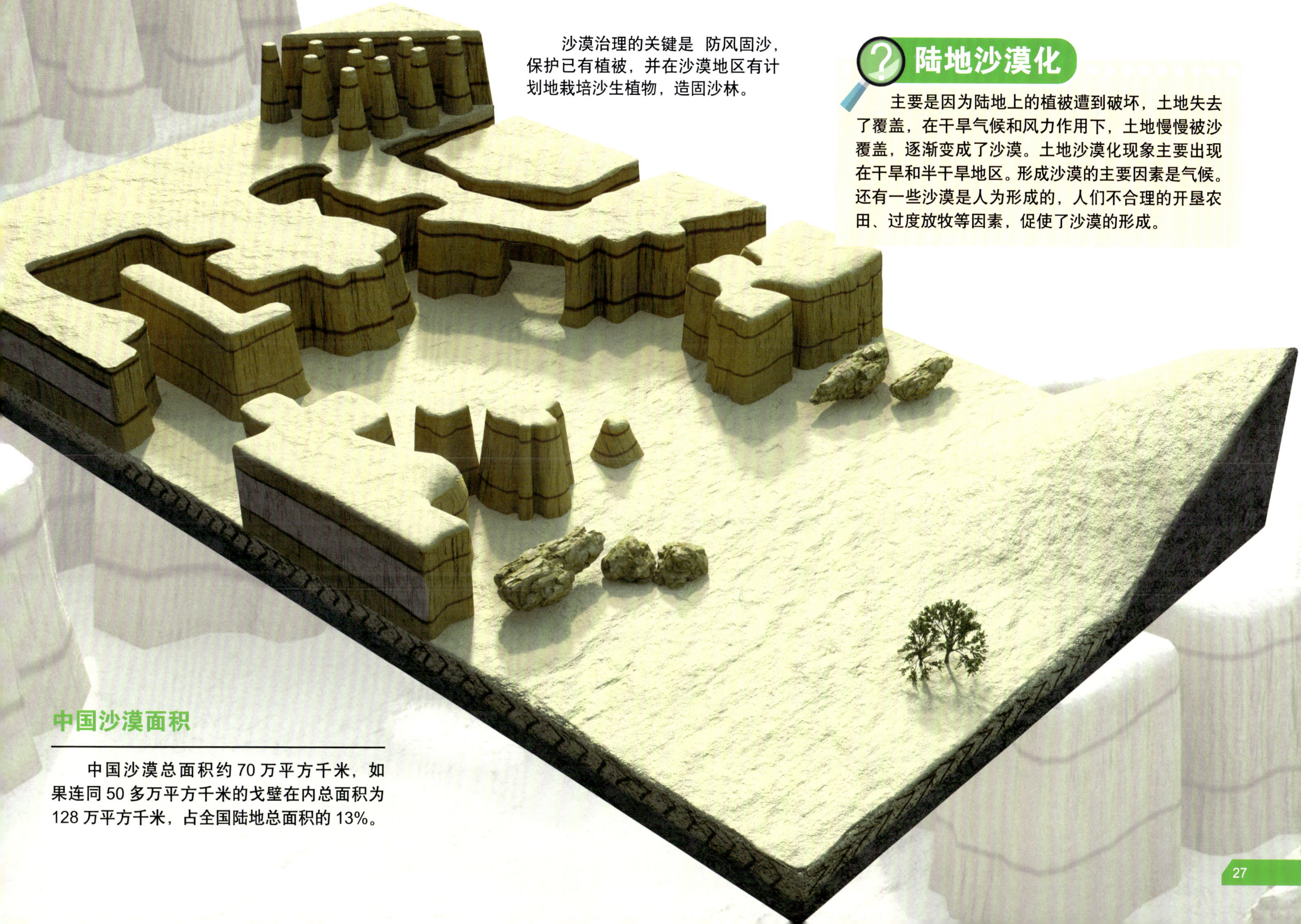

中国沙漠面积

中国沙漠总面积约 70 万平方千米，如果连同 50 多万平方千米的戈壁在内总面积为 128 万平方千米，占全国陆地总面积的 13%。

雨林

雨林是指降雨量很多的生物区系，依据位置的不同被分为热带雨林、亚热带雨林和温带雨林。雨林遍布世界各地，终年都有着充足的雨水和多种生物。在热带雨林地区，还拥有终年的温暖和阳光。大部分雨林靠近赤道，赤道附近的非洲、亚洲和南美洲都有大片的雨林。湿润的气候和大规模的降水量保证了雨林中各种植物的快速生长，而这些生长的植物也为在雨林中栖息的多种多样的生物提供了食物和庇护所。

动物的家园

雨林中的物种丰富多样，它是地球生物繁衍最活跃的区域。雨林是树木的王国，在雨林中生长的树木，种类繁多而且数量巨大，它们多数是高大的乔木和大型的木质藤本。生活在雨林中的动物数量也很庞大，仅在巴拿马运河区 16 平方千米的雨林内，就发现了两万多种昆虫。雨林的树上生活着长臂猿、黑猩猩和各种鸟类、蝙蝠等，地面上生活着象、鹿等动物，地下还有穴居的各种蚁类和昆虫等。

亚马孙雨林

亚马孙热带雨林位于南美洲的亚马孙盆地，横跨 8 个国家，占据了世界雨林面积的一半，它是全球最大、物种最多的热带雨林。亚马孙雨林有“世界动植物王国”之称，那里的昆虫、植物、鸟类及其他生物种类高达数百万种。亚马孙雨林可提供大量的氧气，它产生的氧气是全球氧气总量的 1/10。

雨林中物种丰富多样，植物、动物和其他生物的数量高达几百万种。

天然“制氧机”

热带雨林是地球馈赠人类最有价值的资源之一，它给人类提供了大量的木材和珍贵的经济植物，保持了生物的多样性，对维护生态平衡起到了重要作用。热带雨林还能净化空气、除尘和过滤污水，是天然的“制氧机”和“除尘器”。

河流与湖泊

河流是指由一定区域内地表水和地下水补给，经常或者间歇地沿着狭长凹地流动的水流。河流是地球上水文循环的重要途径，是泥沙、盐类和化学元素等进入湖泊、海洋的重要通道。

湖泊是指承纳在湖盆中的水体。湖盆是地表相对封闭可蓄水的天然洼地，通过降水、地面径流、地下水和冰川融水等来源形成湖水，湖水存蓄在湖盆之中。地球上湖泊的总面积占陆地面积的 1.4%，芬兰是湖泊最多的国家，拥有大小湖泊约 18.8 万个，因此被称为“千湖之国”。湖泊受周围环境以及入湖河流影响较大，汇入湖泊的河流携带大量的泥沙在湖内沉积，会导致湖盆变浅，最终成为陆地。

我国的河流与湖泊

我国河流湖泊众多，是世界上河流最多的国家之一。我国对于河流的称谓很多，较大的河流通常称为江、河，如长江、黄河等。我国共有湖泊 24800 多个，数量很大，但是分布得并不均匀。在我国的东部季风区，特别是长江中下游地区，分布着最大的淡水湖群，而西部青藏高原处集中地分布着咸水湖。

“多功能”的湖泊

湖泊是全球水资源的重要组成部分，它不仅能提供丰富的水产和轻工业原料，还是重要的旅游资源。湖泊的功能多种多样，它可以调节河川径流，有助于发展农业灌溉，还能提供工业用水和饮用水。湖泊四周都是陆地，它沟通了周围陆地的航运，带动了经济的发展。湖泊对区域气候的变化敏感，它能调节区域气候的变化，改善区域生态环境。

里海

里海虽然叫作“海”，但其实它是一个大的咸水湖，也是世界上面积最大的湖泊。因为里海的面积大，而且它的颜色、海滩等性质偏向于海洋，所以它被称为里海。里海是古地中海的一部分，曾经与地中海相连接。后来，由于大陆漂移的影响，导致里海与地中海分开而自成一个大的湖泊。因此，至今里海与地中海还有很多相似之处。

消耗

湖水的消耗主要是蒸发、渗漏、排泄和开发利用。

河流与湖泊有什么区别

河流具有流动性，它是陆地表面的线形的自然流动的水体。河流的源头一般在地势较高的地方，它顺势而下，最终流入湖泊或者海洋。湖泊是封闭性水域，它在地势低洼的湖盆中，周围被陆地包围。由于湖泊被四周的陆地所封闭，所以它不能像河流一样随着地势而流动，它的流动方向并不容易判断。

冰川是指在极地或者高山地区的地表上存在多年的、具有沿地面运动状态的天然冰体。冰川具有一定的形态和层次，有着较强的可塑性，在重力和压力下，它会产生流动和滑动的状态。冰川主要分布在地球的两极和低纬度的高山区，面积约占地球上陆地总面积的 11%。两极地区几乎被冰川所覆盖，这些冰川称为大陆冰川，又称冰盖冰川。冰川在世界各大洲的分布极其不均衡，地球上冰川面积的 97%、冰量的 99% 分布在南极大陆冰盖和格陵兰冰盖，剩下的极少部分冰川分布在亚洲、欧洲、北美洲等地区，其中非洲地区的冰川数量最少，只有 22.5 平方千米。

会运动的冰川

由于上部冰层的压力和上游冰层的推力，使得冰川总是处于受力的状态，因此它会呈现运动状态。冰川的运动速度并不快，不像水流那样川流不息，它的物质循环较慢，这也就导致了它的运动速度比较慢。

我国的冰川

我国冰川主要是山岳冰川，它们主要分布在喜马拉雅山、昆仑山、天山、横断山、阿尔泰山、祁连山等山区。

人类面临的威胁

由于人类滥用煤炭、石油等燃料，引起了全球变暖。气温升高对冰川来说是最严重的威胁，世界各地的冰川面积和体积都因此而明显减少。冰川的融化速度越来越快，会导致很严重的后果，最直接的影响就是海平面上升。海平面上升会淹没冰川沿岸的大片地区，使得世界上一半的人口无家可归。冰川消融也会破坏生态平衡，淹没动物的栖息地，对人类的生存环境造成威胁。

冰川的“原料”

冰川是水的一种存在形式，是雪经过一系列的变化转变而来的。在高山上，随着外界条件和时间的变化，积雪会变成粒雪，粒雪就是冰川形成的“原料”。粒雪随着时间的推移，硬度和紧密度逐渐增加，大小不一的粒雪紧密地镶嵌在一起，它们之间的空隙不断缩小，直至消失。这时它们的亮度和透明度逐渐减弱，变成了纯白色，一些空气也被封闭在里面，这样就形成了冰川。

国际冰川编目规定：凡是面积超过0.1平方千米的多年性雪堆和冰体都应编入冰川目录。

岛屿

岛屿是指比大陆面积小，完全被水体包围的陆地。地球上岛屿总面积约 1000 万平方千米，约占世界陆地总面积的 7%。岛屿分布尤为广泛，在世界七个大洲上都有分布。其中北美洲的岛屿面积最大，南极洲的岛屿面积最小。世界上绝大多数的岛屿都是由国家控制的，其中，有的国家国土完全坐落在岛屿之上，自成一个国家，被称为“岛国”，如日本、马尔代夫等。

岛屿的分类

海洋中的岛屿，面积大小不一，小的不足 1 平方千米，称作“屿”；大的可达数百、数万平方千米，称作“岛”。岛屿可分为大陆岛和大洋岛。大陆岛是大陆的一部分，是大陆架上被水包围而未被淹没的部分，如海南岛、不列颠岛、爱尔兰岛、马达加斯加岛等。大洋岛是指从海洋盆地升高到海面以上的岛，根据成因不同又分为海底火山喷发形成的火山岛和由珊瑚骨骼聚集成珊瑚礁而露出水面的珊瑚岛。

群岛

群岛是彼此距离很近的许多岛屿的合称，一般指集合的岛屿群体。世界上最大的群岛是位于西太平洋海域的马来群岛，整个群岛大约由 3 万个大小不一的岛屿组成，分属于马来西亚、印度尼西亚、文莱、新加坡等国家。世界上最小的群岛是位于南太平洋的托克劳群岛，它由 3 个珊瑚环礁组成，面积仅有 12 平方千米，是个十足的“袖珍群岛”。

格陵兰岛

格陵兰岛位于北美洲东北部、北冰洋和大西洋之间，是世界上面积最大的岛屿。格陵兰岛由山脉、冰山、峡湾和岩石组成，是一个差异很大的岛屿。它的海岸附近花开树壮，生机勃勃；但是它的中部和东南部堵满了难以逾越的冰块，自然条件很恶劣，交通也相当闭塞，人迹罕至。

冲积岛

冲积岛由于它的组成物质主要是泥沙，故也称沙岛。冲积岛是陆地的河流夹带泥沙搬运到海里，沉积下来形成的海上陆地。

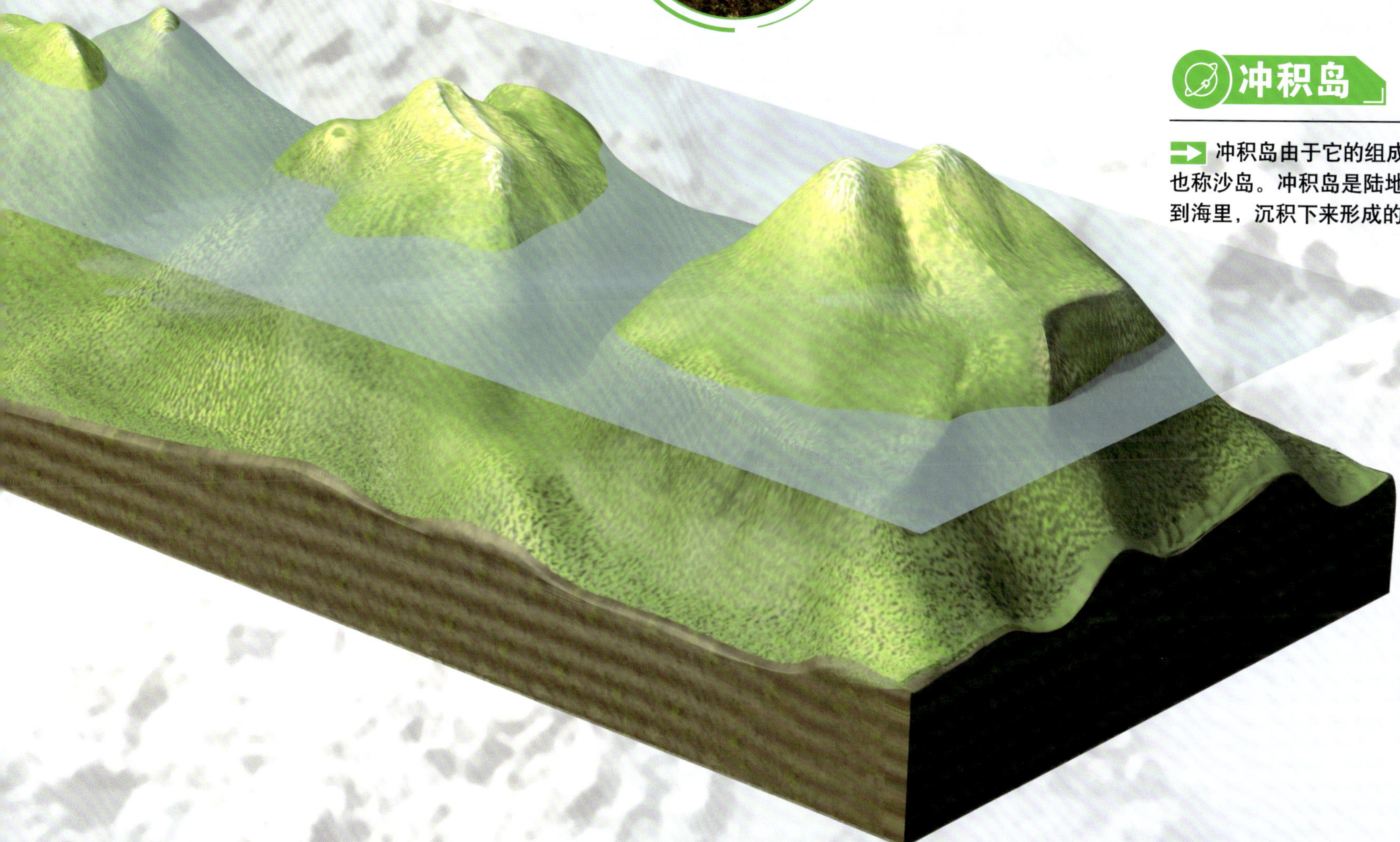

扫一扫

扫一扫画面，立体图就可以跳出来啦！

火山

火山是一种会喷发岩浆和多种物质的山体，是一种常见的地貌形态，是由固体的碎屑或熔岩流在它的喷出口堆积形成的。火山爆发的时间不是固定的，有时一年内常有爆发，有时几百上千年才会爆发一次。火山爆发很剧烈，会对山体及周围的环境产生巨大的影响。在它爆发时，会同时喷发出固体、液体、气体和光、电、磁等放射性物质，这些物质会对电子仪器产生干扰，致使附近的轮船、飞机等发生事故，有时也会导致人类丧命。

火山分类

按照活动情况划分，火山可以分为三种。第一种是活火山，它们在一定的周期内处于持续喷发的状态。第二种是死火山，它们在史前曾经喷发过，但已经丧失了活动能力。第三种是休眠火山，它们曾经喷发过，但是长期处于相对静止的状态。

但是这种分类没有严格的界限，不是一成不变的。休眠火山在不特定的时间内可能复苏，死火山也有“复活”的可能性。

火山的破坏性

火山既是地球上的一道风景，也是人们不可控制的灾难。火山的喷发会导致大量火山灰和暴雨结合形成泥石流，冲毁道路、桥梁、房屋。甚至也会将人类淹没。火山爆发时喷出的火山灰和火山气体，会对气候造成极大的影响，同时也会破坏环境。

火山是怎样形成的

火山的历史非常悠久，它的形成是一系列的物理化学过程。在地球内部，存在着大量的放射性物质，这些物质在自然状态下衰变，产生巨大的热量。这些热量无法散发到地面，导致地球内部温度不断升高，直到把岩石熔化，形成高温熔化状态下的岩浆。当岩浆达到一定的温度时会冲破地壳喷出地面，喷发出的固体物质和熔岩流等液体在周围堆积，就形成了火山。

活火山数量

全世界活火山有 534 座，在全新世喷发过的火山约 1500 多个。

火山爆发的价值

火山爆发具有不固定性、不可控制性和巨大的破坏性，但它的爆发在某些方面也能给人们带来好处。火山灰覆盖到农田上，能让整片的土壤吸收养分，从而使土地更加肥沃。火山还能给人们带来地热资源。地热能是一种无污染的廉价新能源，被广泛地应用于人们的生活中。

珊瑚礁

珊瑚礁是盛开在海底的“花”，它们色彩斑斓、形状各异，是一道非常美丽的景色。珊瑚礁主要由造礁珊瑚骨架和生物碎屑组成的具有抗浪性能的海底隆起。成千上万的珊瑚虫和水生植物，在外力（如大鱼游过时的外力）推助下，会依附或缠绕在珊瑚上，当这些生物死掉以后，它们的骨骼就形成了珊瑚礁。随着越来越多生物的依附和死亡，珊瑚礁的长度和粗细程度也会逐渐地增加。

丰富的资源

珊瑚礁不仅色彩鲜艳，而且蕴藏着非常丰富的资源，特别是油气资源。在珊瑚礁及其潟（xì）湖沉积层中，还有着丰富的煤炭、铝土矿、锰矿等矿物资源。在珊瑚礁的礁体碎屑岩中，人们还发现了铜、铅、锌等多种金属矿床。珊瑚灰岩可以用作烧石灰和水泥等建筑材料的原料；形态各异的珊瑚无须人类的加工就可以做成漂亮的装饰工艺品；还有些珊瑚很早就被人们用作药材。现在，一些珊瑚礁区已经被开发成为旅游场所，很受人们的欢迎。

大堡礁

世界上最大最长的珊瑚礁群是位于澳大利亚东北部的大堡礁。

珊瑚虫

珊瑚虫是海洋中的一种腔肠动物，它们身体呈圆筒状，有八个或者八个以上的触手。单体的珊瑚虫只有米粒般大小，它们成群地聚居在一起，结合成一个整体。它们捕食海洋中细小的浮游生物，进食和排泄都通过口部进行。

什么是“白色瘟疫”

珊瑚礁对海洋环境极为敏感，日益污染的空气导致海洋酸化，使得造礁珊瑚的外壳或者骨架受到严重威胁。科学家研究表明，海洋酸化就意味着珊瑚礁的灭亡。而比海洋酸化更加致命的威胁是日益上升的气温，珊瑚虫对气候的适应能力较弱，极易受到海水表面高温的伤害。在海水温度升高时，寄居在珊瑚虫上的生物就会大量离开，导致原本色彩斑斓的珊瑚虫变成一片惨白，很快死去，这是珊瑚虫的“白色瘟疫”。

珊瑚礁的“居民”

珊瑚礁位于热带和亚热带浅海中，但是“居住”在它们上面的生物多样性很高。许多热带鱼和珊瑚鱼住在珊瑚礁内，如色彩斑斓的鹦鹉鱼、雀鲷、蝴蝶鱼等。这些鱼在珊瑚礁中穿梭，构成了一幅色彩艳丽的画。

第三章 大洲

地球的版块是不断运动的，经过多年的演变就形成了我们现在所看到的七大陆地板块，也就是我们所说的七大洲——亚洲、非洲、欧洲、南美洲、北美洲、大洋洲、南极洲。各大洲都有它们独特的环境与地理资源，以及独特的文化历史，在这一章中我们将详细为你讲解七大洲的有关知识，快点跟我一起来学习吧！

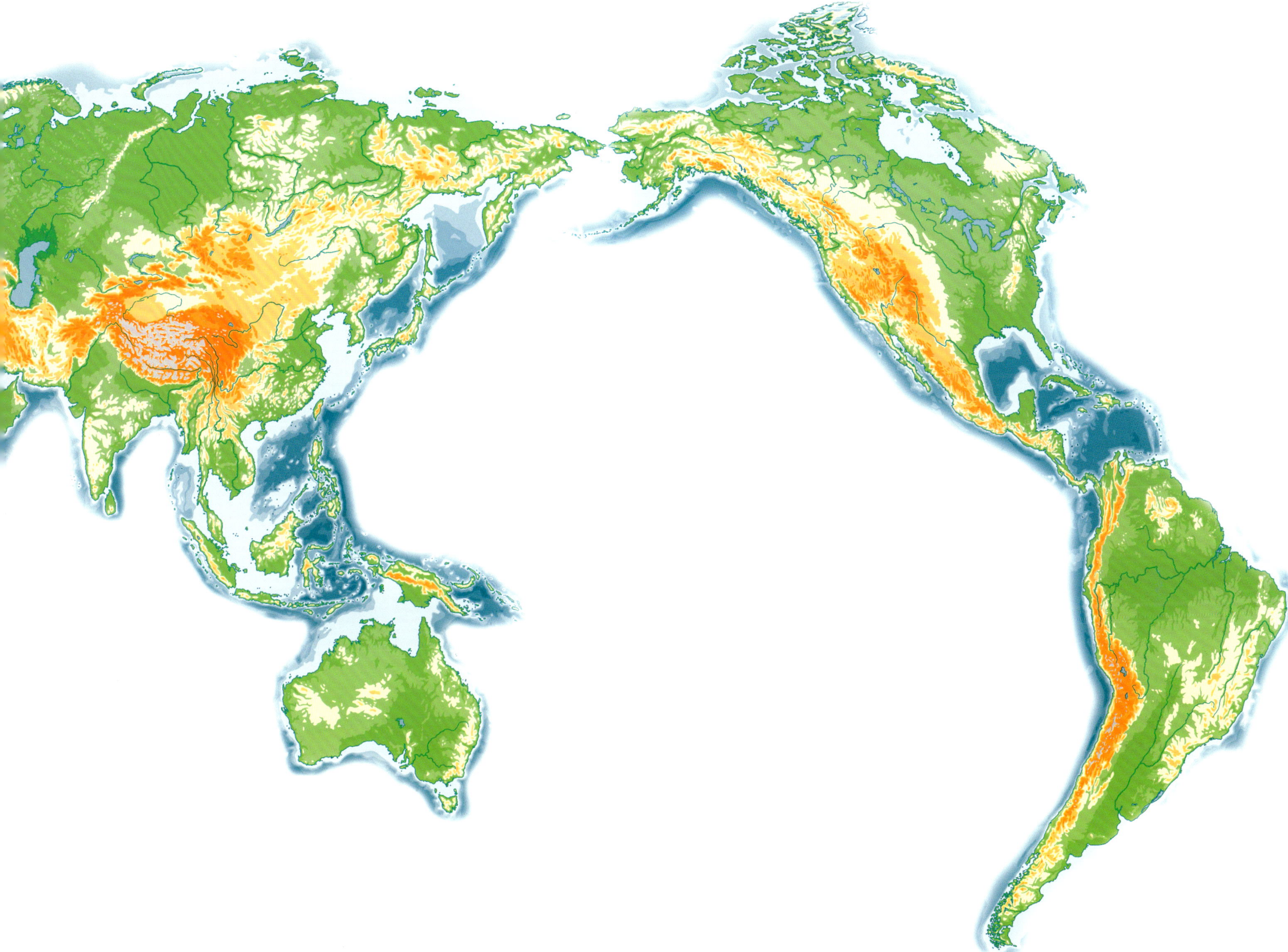

大陆漂移

大陆漂移，是指地球上的陆地彼此之间以及陆地相对于大洋盆地之间的大规模水平运动。科学家根据对大陆漂移的研究而提出了大陆漂移的假说，它是解释地壳运动和海陆分布、演变的假说。大陆漂移说认为，地球上所有的大陆在侏罗纪以前曾经是统一的巨大陆块，这个巨大的陆块由于受到动力机制和地球自转两种分力的影响，在侏罗纪开始分裂并漂移，逐渐到达了现在各陆地所分布的区域。大陆漂移说最初被提出的时候，遭到了很多科学家的质疑和反对，甚至这一学说的提出者魏格纳在当时被拒绝参加学术会议。后来，随着科学家不断的探索研究，发现大陆漂移的现象是真实存在的。

板块构造说

由于对大陆漂移说的质疑，科学家努力地找寻能解释这一学说的科学论证。终于，1968 年法国地质学家萨维尔・勒・皮雄等人提出了一种解释大陆漂移说的地质学理论——板块构造说。这种学说认为，地球上的岩石圈分解为若干巨大的刚性板块，以重力均衡的方式漂浮于塑性软流圈之上，并在地球表面发生大规模水平转动；相邻板块之间或相互离散，相互会聚，或相互平移，引起地震、火山和构造运动。

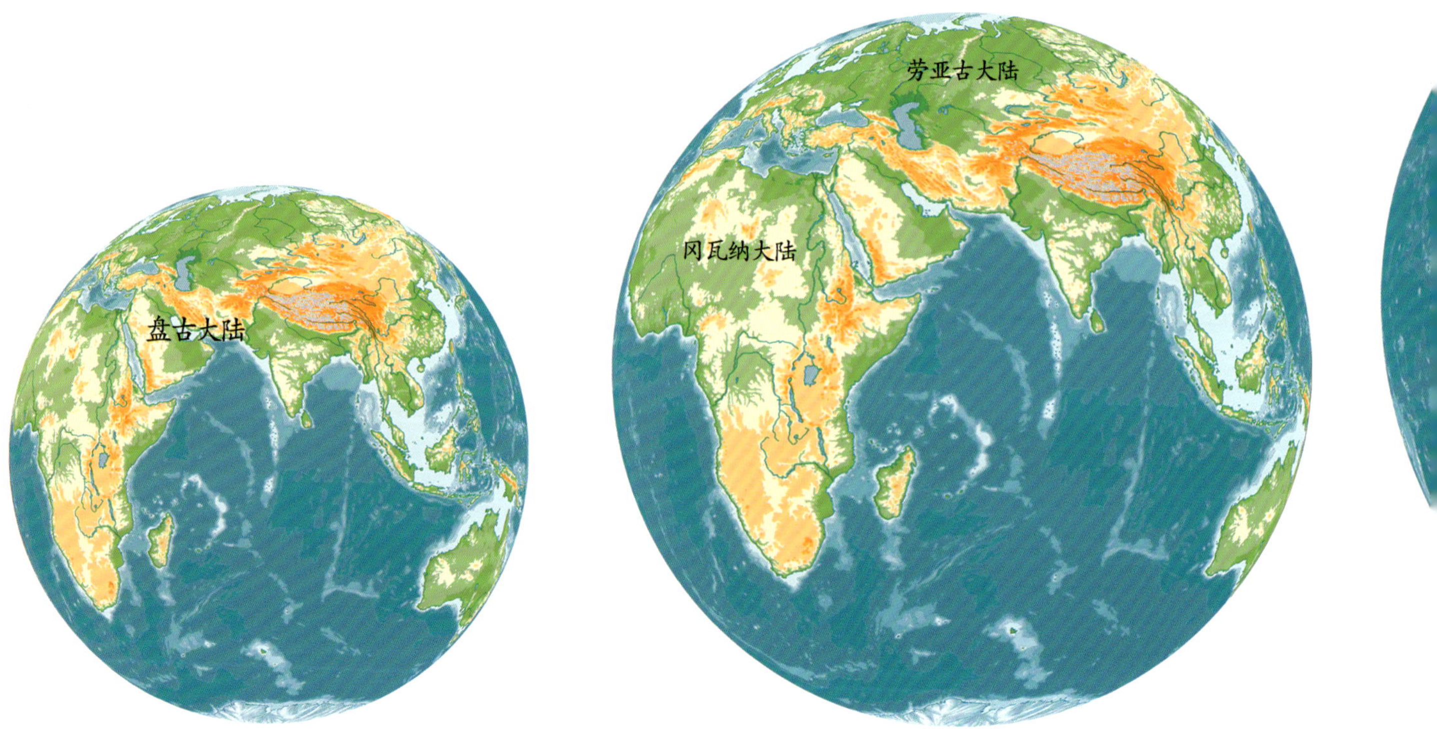

概念的假想和提出

在 17 世纪时，有人曾经提出过各大陆之间具有相连接的可能性。19 世纪末，奥地利的修斯曾将南半球拟合成一个单一的大陆，称为冈瓦纳大陆。到了 1912 年，德国科学家魏格纳正式提出了大陆漂移说，并在 1915 年出版的《海陆的起源》一书中做出论证。

大陆漂移说的作用是什么

大陆漂移说的活动论思想为海底扩张、板块构造说的兴起准备了思想基础。

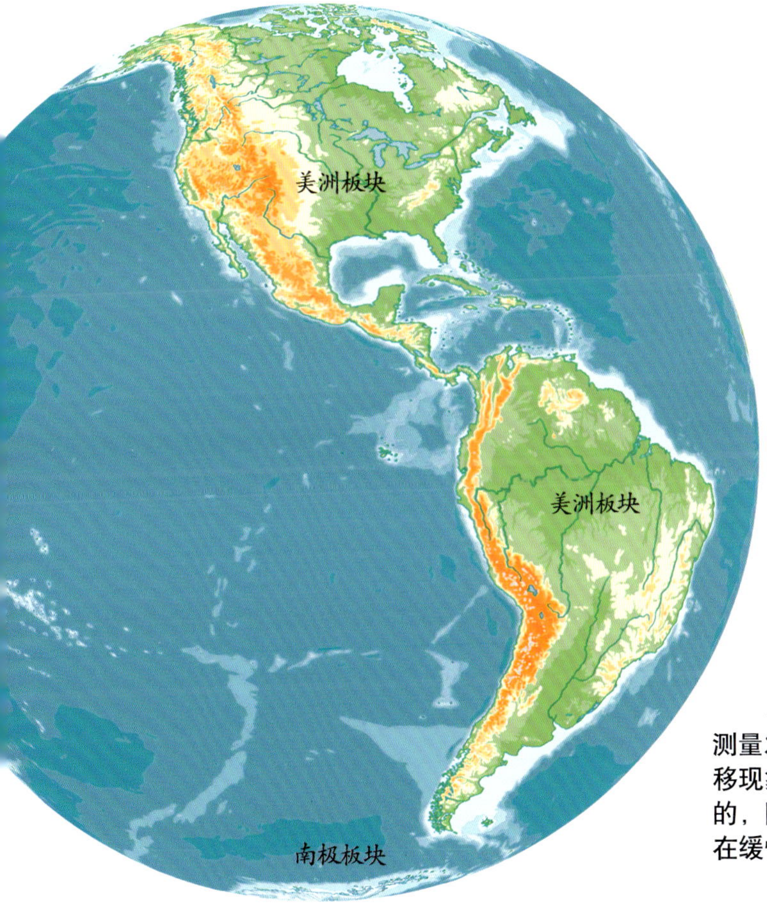

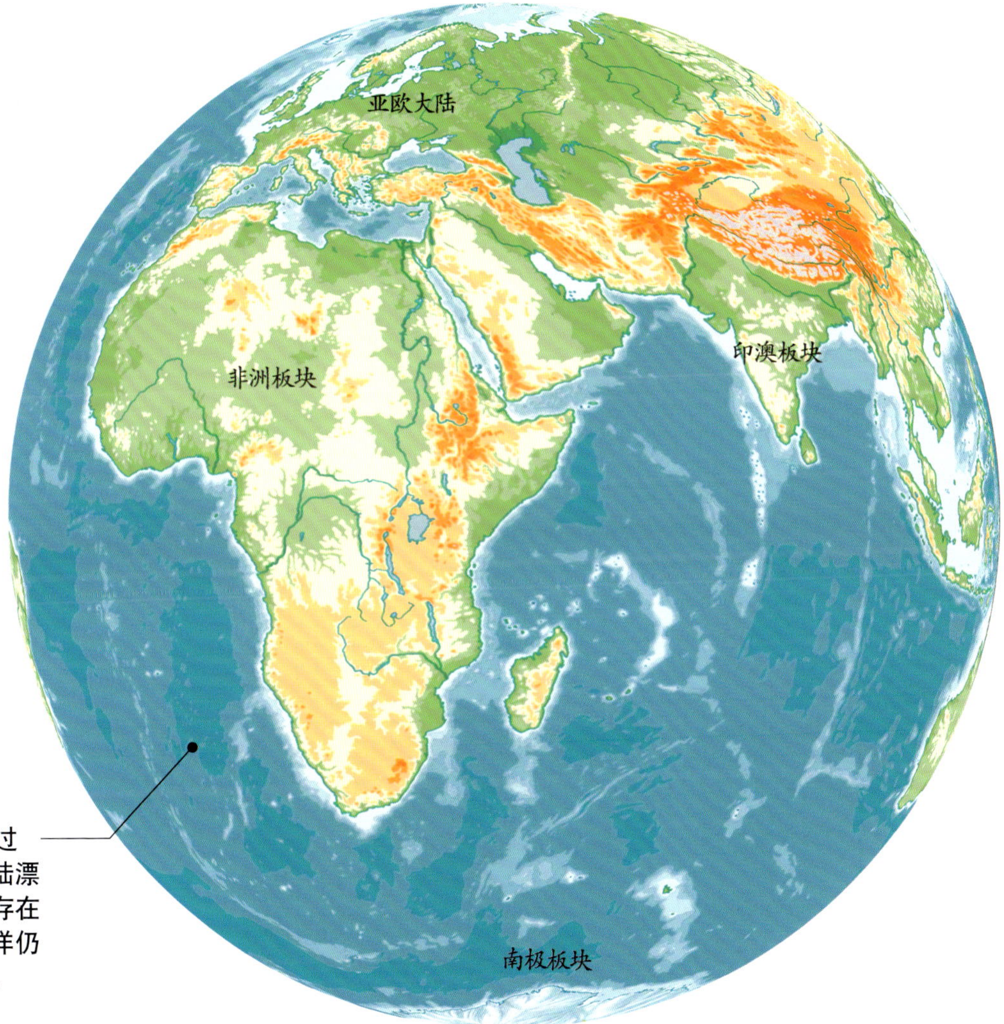

科学家经过测量发现，大陆漂移现象是真实存在的，陆地和海洋仍在缓慢地运动。

第一大洲——亚洲

亚洲全称是亚细亚洲，是世界七大洲中面积最大、人口最多的一个洲，它的面积占陆地总面积的 29.4%，人口数量约占世界总人口的 53.5%。亚洲的绝大部分地区位于北半球和东半球，北部、中部和西部边缘的大部分与欧洲和非洲相连接。亚洲有很多国家，包括中国、日本、韩国、印度等，亚洲人绝大多数是黄种人，有些国家由白种人和黑种人组成。由于亚洲地域辽阔，人们为了更好地区分和了解亚洲，按照地理方位将它分为东亚、东南亚、南亚、西亚、中亚和北亚 6 个区域，我国位于东亚地区。亚洲的景色十分雄壮美丽，它地势起伏很大，中间高，四周低。在亚洲广泛地分布着山脉、高原、平原和盆地，其中珠穆朗玛峰是世界第一高峰。

经济发展

亚洲国家中，除日本、新加坡、韩国和以色列是发达国家外，其他国家都是发展中国家，我国是世界上最大的发展中国家。亚洲许多国家发挥自身优势，经营多种热带和亚热带农作物，人们积极勘探和开采矿产资源，还大力发展制造业，使经济体制由“单一性”向“多元化”的方向发展。

自然资源

亚洲地大物博，资源十分丰富。亚洲矿物种类多且储量大，主要包括石油、煤、铁、锡、铜等。西亚的沙特阿拉伯是“石油王国”，每年向世界各地输出石油的数量巨大。亚洲的森林面积占世界森林总面积的 13%，并且有很多珍贵树种。东南亚的热带森林在世界森林中具有重要地位，它以丰富的植物群落著称。

海岸线

亚洲海岸线绵长曲折，是世界上海岸线最长的大洲。

亚洲的历史和文化非常悠久。四大文明古国中的中国、古印度、古巴比伦都位于亚洲。

亚洲是世界上火山最多的大洲，东部边缘海的外围群岛是世界上火山最多的地区。

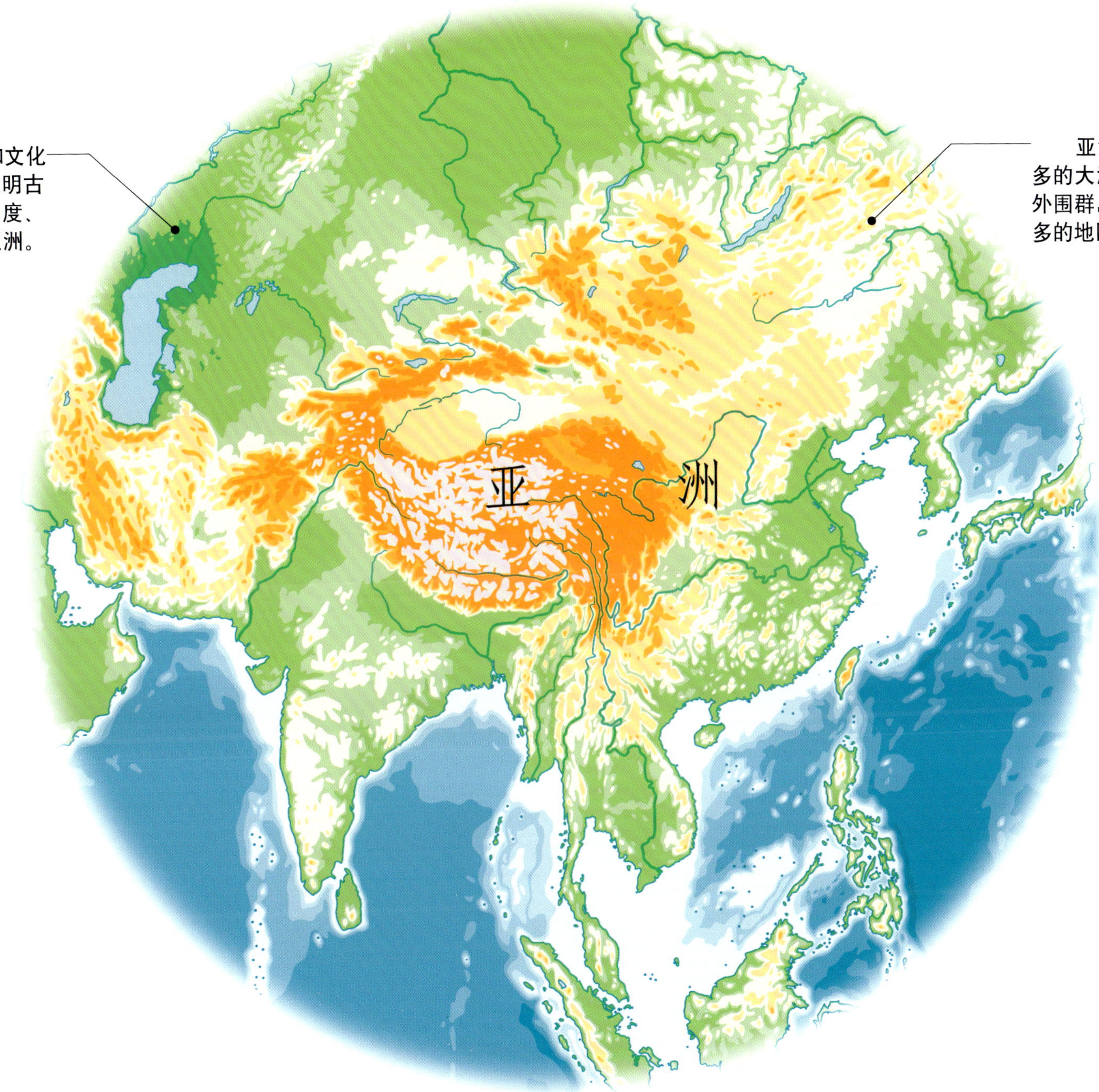

高原大陆——非洲

非洲全称阿非利加洲，位于亚欧大陆的西南面，东临印度洋，西连大西洋，南北纵跨赤道。非洲的土地面积约为 3029 万平方千米，占全球陆地总面积的 1/5，为世界第二大洲，同时也是世界上人口数量第二多的大洲。非洲大陆高原面积广阔，海拔 200 ~ 2000 米的台地和高原占非洲土地面积的 86.6%，因此有“高原大陆”之称，著名的埃塞俄比亚高原平均海拔在 2500 米以上，被称为“非洲屋脊”。非洲的沙漠面积约占全洲面积的 2/5，是沙漠面积最大的大洲，非洲的撒哈拉沙漠是世界上面积最大的沙漠。非洲是世界古人类与古文明的发源地。非洲北部的埃及是世界文明的发源地之一。非洲人大部分是黑种人，极少数地区分布着黄种人和白种人。

炎热的气候

非洲有“热带大陆”之称，它的气候带呈南北对称状分布，气候特点是高温、少雨、干燥。非洲 95% 的地区年平均气温在 20℃以上，其中一半以上的地区终年炎热。埃塞俄比亚东北部的达洛尔年平均气温为 34℃，是世界年平均气温最高的地方之一。非洲降水量从赤道向南北两侧逐渐减少，降水分布极不平均，有的地方几乎终年不降雨，有的地方年降水量高达 10000 毫米以上。

用手抓饭

非洲的饮食比较单一，主要就是肉食、玉米和面粉等。在非洲的大部分地区，人们吃饭不需要刀叉、勺子和筷子，因为他们吃饭时是用手抓饭。虽然是用手抓饭，但是在非洲的餐桌上非常干净，人们抓饭的动作干净利落，不会将饭菜沾在手上或嘴巴附近，也很少有饭菜掉落的情况。在非洲做客，一定要注意吃饭时不要将饭菜掉落在地上，因为那是主人很忌讳的事情。

危机

非洲在世界七大洲中，经济水平最低。虽然粮食作物种类繁多，但由于气候干旱和沙漠造成的土地干裂，粮食基本颗粒无收，导致非洲很多地方的人面临饥饿，甚至一些儿童因为长期吃不饱饭而影响发育。在非洲，热带疾病丛生，本来就面临饥饿的非洲人更是饱受疾病的侵袭。

非洲的矿产资源丰富，许多矿物的储量位居世界前列。

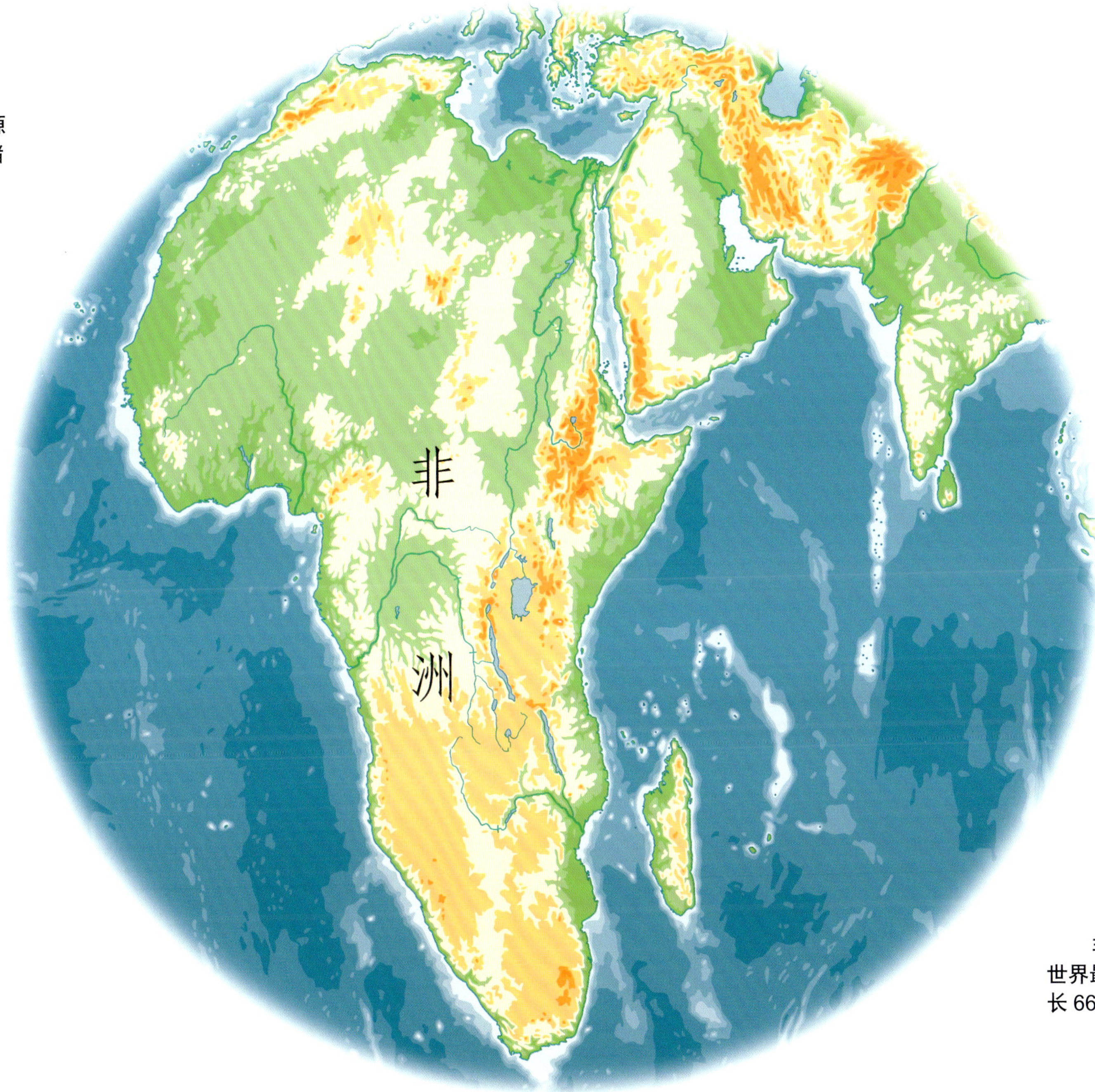

非洲的尼罗河是世界最长的河流，全长 6671 千米。

文艺复兴发源地——欧洲

欧洲全称欧罗巴洲，位于亚欧大陆西部，北濒北冰洋，西临大西洋，南隔地中海。欧洲的面积为 1016 万平方千米，约占世界陆地总面积的 6.8%，但是人口密度却仅小于亚洲和非洲，是世界人口第三的大洲。欧洲的人种比较单一，99% 以上的人口属于白种人。自 17 世纪以来，欧洲逐渐成为世界的经济中心，是资本主义经济发展最早的一个大洲，于 18 世纪便爆发了人类历史上第一次工业革命。欧洲的经济发展水平和生产总值居世界七大洲的首位，工业、交通运输、商业贸易、金融保险等方面在世界经济中占有重要的地位。欧洲以发展工业为主，农业是次要的生产部门，但是农业机械化程度、农业现代化水平和农牧业结合程度都很高。

半岛大陆

欧洲最突出的是半岛大陆的特点。欧洲大陆轮廓破碎，有众多的半岛和海域交错分布。半岛面积 240 万平方千米。全州海岸线总长 3.8 万千米，海岸线曲折程度居各州之首。

文艺复兴

文艺复兴是指 14 世纪到 16 世纪发生在欧洲的一场反映新兴资产阶级要求的思想文化运动。文艺复兴的思想主张是人文主义精神，核心是提出以人为中心而不是以神为中心，肯定了人的价值和尊严。诗人但丁、画家达·芬奇、作家莎士比亚等一大批思想先驱，通过自己的作品表现了人文主义精神。文艺复兴是历史上第一次资产阶级思想解放运动，对欧洲的文化发展做出了巨大贡献。

多种语言

欧洲大约有 50 种官方语言。

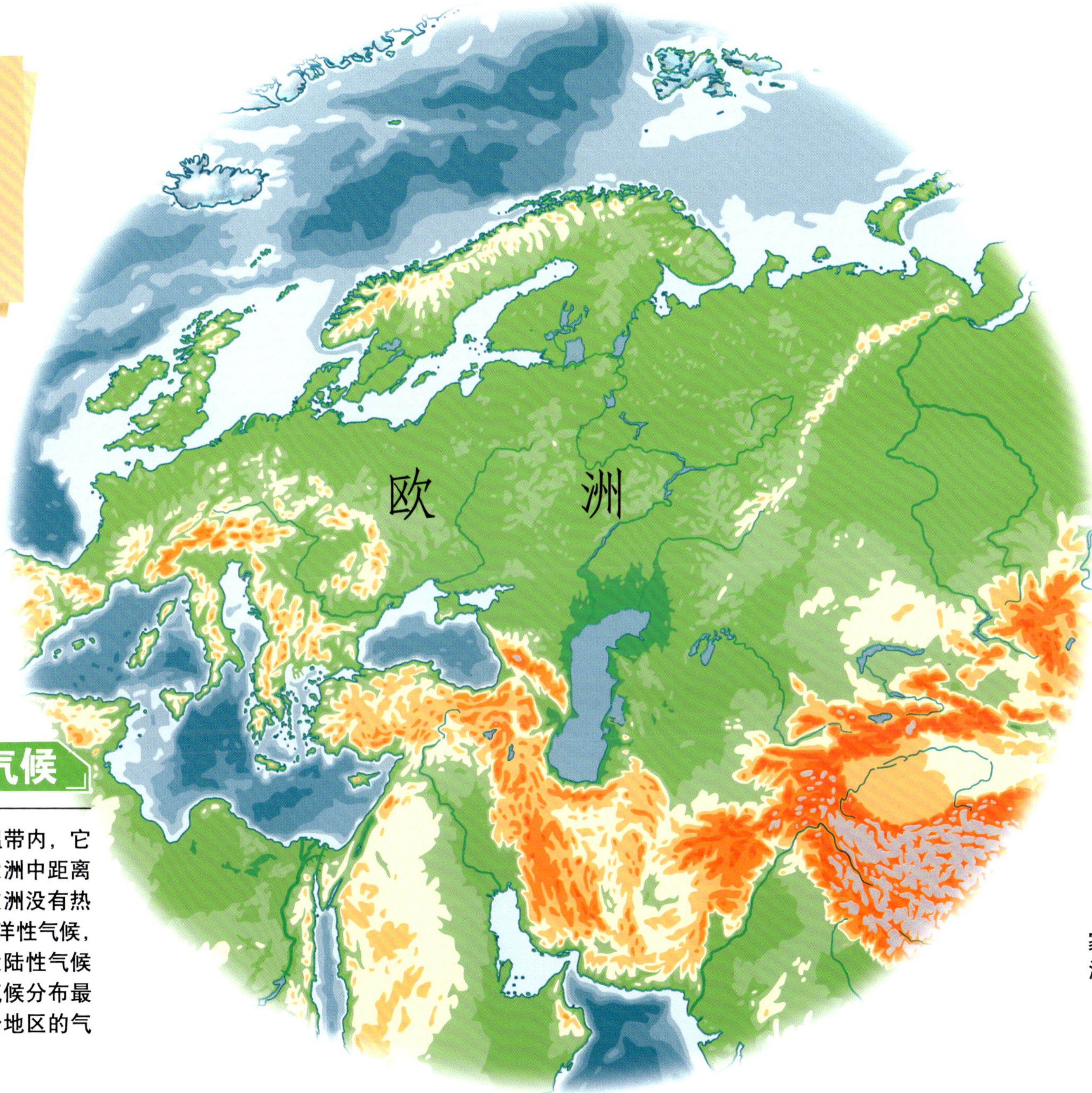

没有热带气候

欧洲大部分位于北温带内，它是世界上有人定居的各大洲中距离赤道最远的一个大洲。欧洲没有热带，大部分地区为温带海洋性气候，也有地中海气候、温带大陆性气候等。欧洲是世界上海洋气候分布最广的一个大洲，绝大部分地区的气候具有温和湿润的特征。

世界上最小的国家梵蒂冈城国位于欧洲意大利的罗马市内。

第三大洲——北美洲

北美洲全称为北亚美利加洲，位于西半球北部，总面积约为 2422.8 万平方千米，约占世界陆地总面积的 16.2%，是世界第三大洲。北美洲东、西分别邻近大西洋和太平洋，北邻北冰洋，南部隔加勒比海、巴拿马运河，与南美洲为邻。北美洲是世界经济第二发达的大洲，其中美国的经济发达程度为世界之首。北美洲的人口总数约占世界总人口的 8%，全洲人口分布极不均衡，绝大部分人口分布在美国、墨西哥、加拿大 3 个国家。

地理分区

北美洲被分为九个地区，最重要的工商业和金融中心是它的东部地区。东部地区邻近大西洋，海岸曲折，港湾众多，北美洲大部分港口都集中在这一地区，是北美洲工业和农业发展最早的地区。大陆西部，坐落着科迪勒拉山系。南北延伸，由一系列山脉、山间高原和盆地组成。

湖泊众多的大洲

北美洲湖泊众多，主要分布在大陆的北部，淡水湖总面积约为 40 万平方千米，位居各大洲之首。北美洲的五大湖分别是苏必利尔湖、休伦湖、密歇根湖、伊利湖、安大略湖，它们的总面积约为 24.5 万平方千米，是世界上最大的淡水湖群，有“北美地中海”之称。五大湖中，苏必利尔湖的面积最大，它也是世界上面积最大的淡水湖。

复杂多样的气候

北美洲地跨热带、温带、寒带，气候复杂多样，以温带大陆性气候和亚寒带针叶林气候为主。北美洲的北部处在北极圈内，常年是冰雪世界。南部加勒比海受赤道暖流的影响，常有热带飓风侵袭。北美洲大陆中部的广大地区位于北温带，气候适宜，宜于作物生长和人类生存。

印度洋北部与亚洲大陆交互作用形成了特有的季风洋流。

印度洋有很多的岛屿，大部分都是大陆岛，其中马达加斯加岛是南回归线穿过的岛屿。

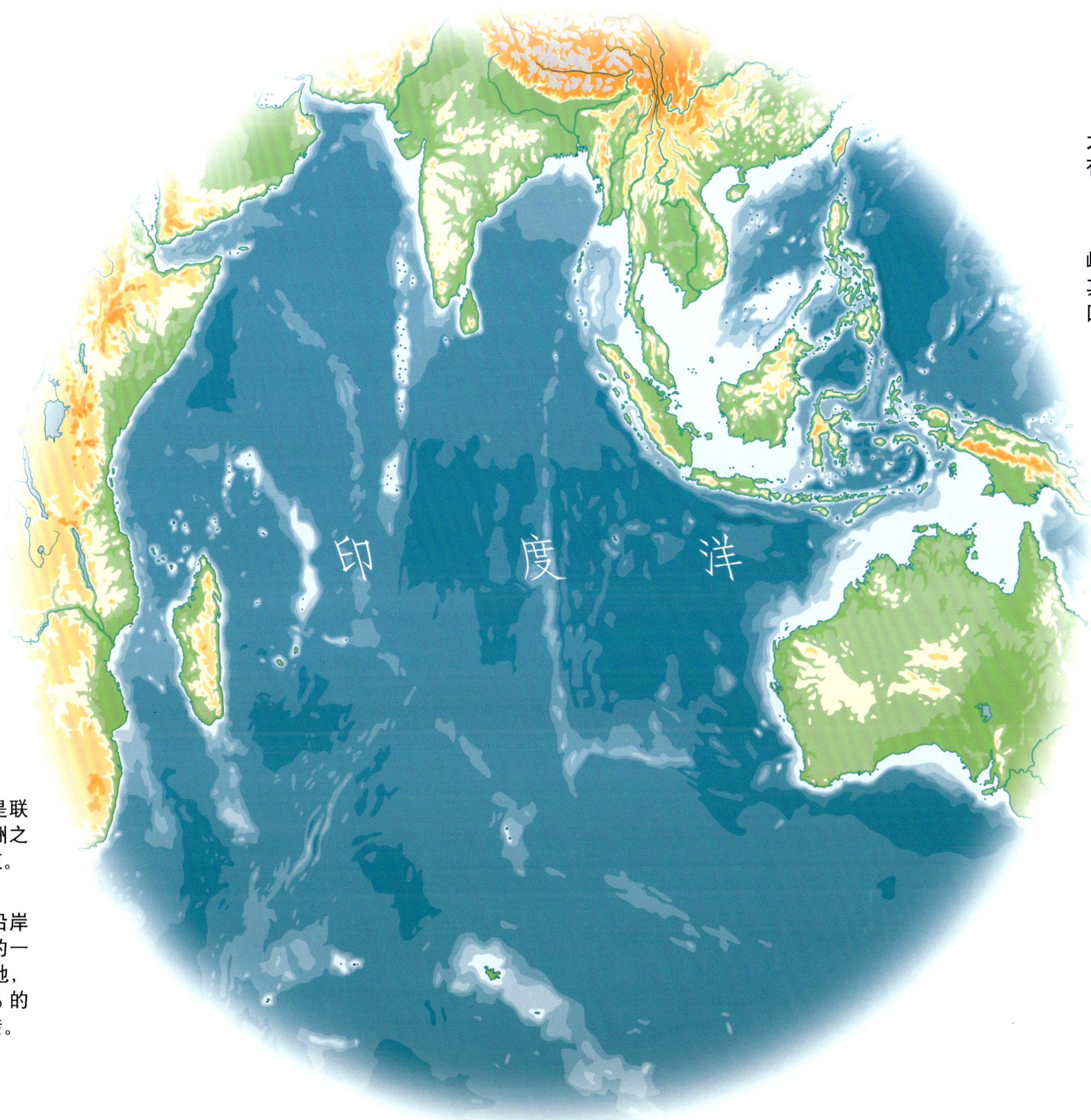

印度洋是联系亚洲、非洲之间的交通要道。

印度洋沿岸是世界资源的一个重要出口地，世界近 10% 的货物在此周转。

最冷大洋——北冰洋

北冰洋位于地球最北端，被亚欧大陆和北美大陆环绕，是世界上面积最小的大洋。北冰洋面积为 1475 万平方千米，占世界海洋面积的 4.1%。

北冰洋的深度是大洋中最浅的，平均水深 1255 米，最大水深 5527 米。洋面上有常年不化的永久性冰层，这些海冰持续覆盖了北冰洋大约 300 万年。由于冰层的覆盖，北冰洋的水温很低，是地球上最冷的大洋。在北冰洋的边缘海附近，分布着数不清的冰山，这些冰山会顺着洋流向南漂浮。有一些冰山会漂到北大西洋，由于它们漂流的路线不固定，常常威胁到行驶在北大西洋上的船只的安全。

北冰洋的海岸线十分松散曲折，虽然面积很小，但是却分布着很多岛屿。北冰洋岛屿分布的数量仅次于太平洋，是岛屿数量第二多的大洋，其中有世界第一大岛屿——格陵兰岛，还拥有地域广大的群岛——北极群岛。

气候

北冰洋位置在北极圈内，可获得的太阳照射范围很小。在上空，冬季是稳定的高压区，云层很少，加上洋面常年覆盖冰层，因此北冰洋成了最冷的大洋。北冰洋终年温度很低，即使在最高温的月份，气温也只有 0～6℃。北冰洋终年冰天雪地，年降水量一般只有 100～200 毫米，其主要是降雪。

北极熊

说到北冰洋最有代表性的动物，那就一定是北极熊了。北极熊是陆地上体形最大的食肉动物，它们身上覆盖着透明厚密的毛，在寒冷的北极地区，那就是它们的保暖工具。在北极熊的栖息地，它们没有天敌，最大的威胁就是逐渐变暖的气候。现在，北极熊的栖息地大幅度减少，它们的数量也在逐渐下降。如果不控制变暖的气候，北极熊极可能灭绝。

北冰洋虽然气候寒冷，伴有极夜现象，不利于植物生长，但并非不毛之地，也有少量的生物存在。

温度危机

近年来，北冰洋的气候逐渐变暖，覆盖的冰层也在逐年融化，它的面积正在变小。这样的温度影响是巨大的，不仅影响着北冰洋的生态系统，使得北极熊的生存空间逐渐减少；也会造成冰川消融、海平面上升等现象，危害自然系统的平衡，也威胁着人类自身的生存发展。

无陆界大洋——南大洋

南大洋，是环绕南极大陆、北边无陆界的独特水域。由南太平洋、南大西洋和南印度洋各一部分，连同南极大陆周围的海等组成。联合国教科文组织（UNESCO）政府间海洋学委员会（IOC）于 1970 年会议上建议把南极大陆到南纬 40° 的纬圈海域，即副热带辐合带的海域定义为南大洋。南大洋面积不固定，约为 7700 万平方千米，占世界大洋总面积的 21% 左右。

丰富的生物资源

南大洋生物资源丰富，特别是磷虾和鲸。浮游植物的主体是硅藻，现已发现近百种，分布具有明显的区域性和季节性。以磷虾为主要食料的须鲸有蓝鲸、长须鲸、黑板须鲸、巨臂须鲸、缟臂须鲸和南方露脊鲸等种类。此外，海豹、企鹅、鱼类、海鸟、龙虾、巨蟹和海草等生物也生活在这里，颇引人注意。南大洋海洋生物以磷虾、企鹅、鲸、海豹为代表。

冰山

南大洋的冰山主要来源于罗斯海和威德尔海的冰架，颜色较白，密度较小，体积巨大，顶部扁平。常见的冰山长达 8 千米左右，但高度很少有超过 35 米的。曾经记录到的南大洋特大冰山约长 150 千米，宽 40 千米，露出水面高度约 30 米，吃水深度为露出水面高度的 5 ～ 7 倍。由于吃水深度大，冰山移动主要受海流影响。

怪声之谜

据国外媒体报道，一种被称作“仿鸭叫”的噪声每到冬天和春天就会出现在南大洋中，多年来一直令研究人员费解。2013 年，声音记录仪被附着在两只海洋哺乳动物身上，终于发现了这种奇怪的噪声是小须鲸发出的。小须鲸在深潜捕食之前，接近水面时会发出这种声音。

南大洋表层环流，除南极沿岸一小股流速很弱的东风漂流外，其主流是自西向东运动的、巨大的南极绕极流。

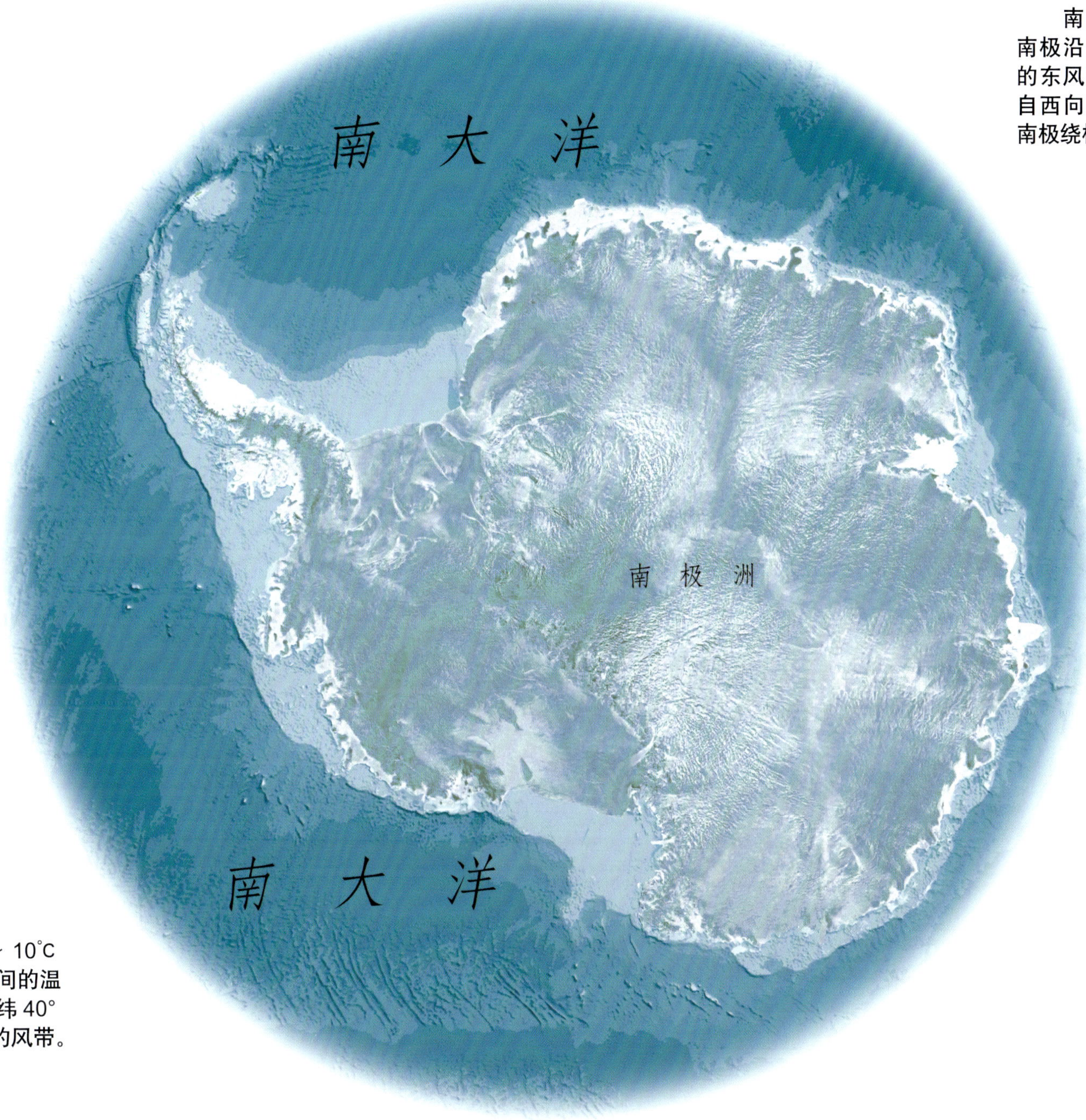

南大洋的海水温度在 -2 ~ 10℃之间，由于南极冰盖与海水之间的温差造成洋流的动力较大，在南纬 40°到洋流边界，是地球上最强烈的风带。

第五章　自然现象与灾害

自然现象是在自然界中由于大自然的运作规律而产生的现象，它们一般不会受到人为主观能动性的影响，就像风、雨、雷、电、沙尘暴和雨后的彩虹等，这些自然现象包含有物理现象、地理现象和化学现象等。还有许多自然现象仍然是个谜，科学家至今无法解释其中的奥秘，还有一些奇特的自然现象极具魅力，比如绚丽多彩的极光，它们是如何形成的呢？在本章中会有介绍，让我们一起来了解一下吧！

水的循环——降水

“雨水”是二十四节气中的第二个节气，通常在每年的 2 月 18 日、19 日或 20 日，它意味着季节进入气象意义的春天。到“雨水”节气时，气温开始逐渐回升，冰雪融化，最主要的特征就是降水增多。降水是雨、雪、露、霜、霰（xiàn）、雹等现象的统称。降水在我们的生活中很常见，它是大气中冷凝的水汽以不同的方式降落到地球表面的天气现象。

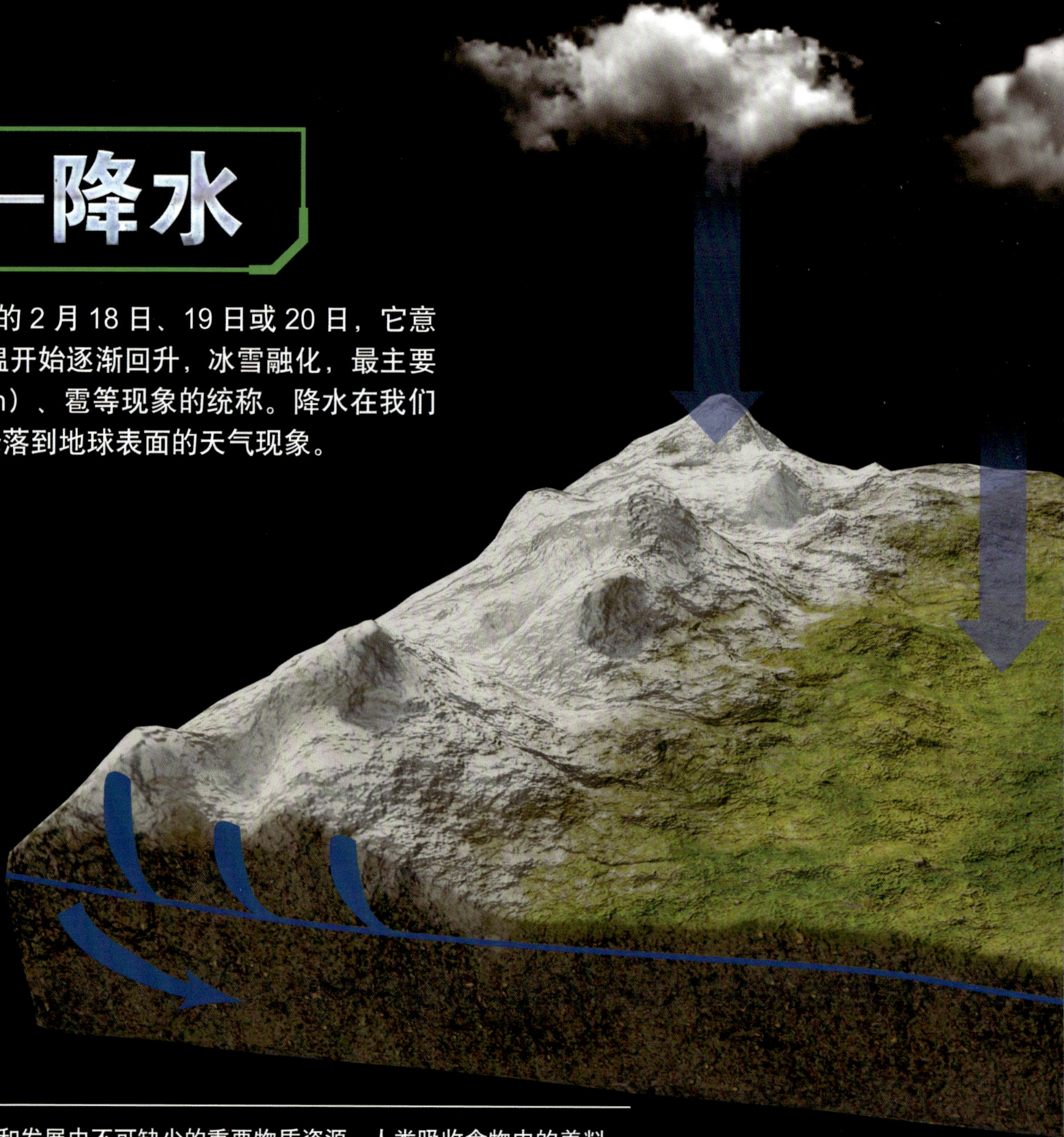

降水的形成

降水是云中的水分以液态或固态的形式降落到地面的现象，如雨、雪、霜、露、霰、雹等。降水的形成条件有三个：要有充足的水汽，要使气块能够抬升并冷却凝结，要有较多的凝结核。

降水的作用

水是生命的源泉，是一切生命生存和发展中不可缺少的重要物质资源，人类吸收食物中的养料、排除体内的废物，都是以水为介质进行的，生命离不开水。水在各行各业的发展中也是主角，人们利用水来发展工业、灌溉农业、从事商业。水已经渗透到自然界、生活中的方方面面，而我们利用的水的主要来源就是降水的补给，因此，降水对人们的生活和社会的发展具有重要的作用。

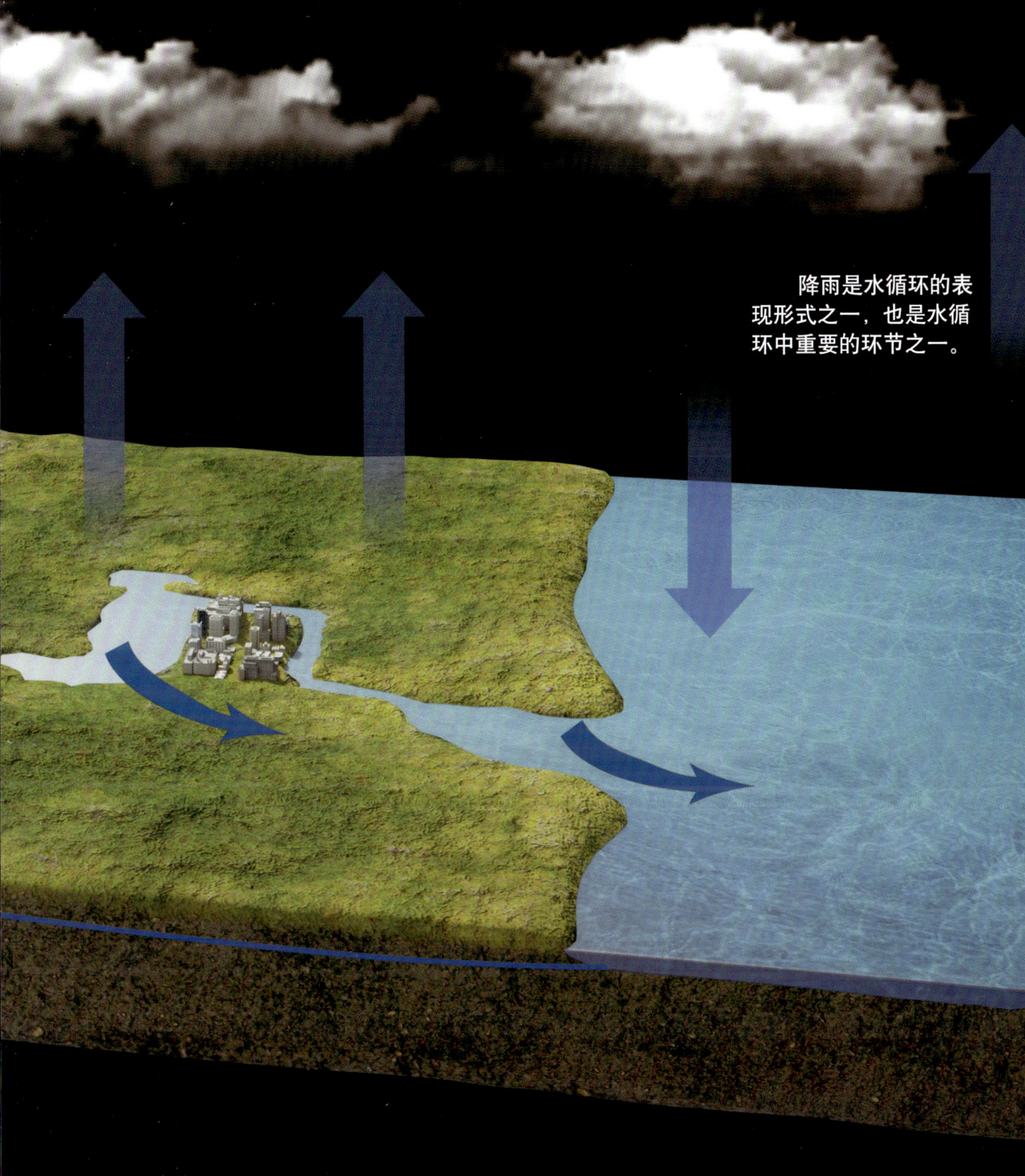

降雨是水循环的表现形式之一，也是水循环中重要的环节之一。

水循环的过程

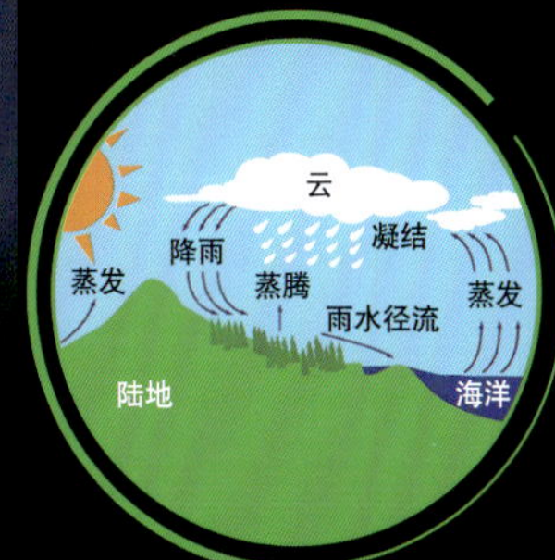

水循环是一个多环节的自然过程，降水是水循环中的重要环节之一。在自然界中，水通过海水的蒸发和植物的蒸腾形成水蒸气，水蒸气输送凝结形成云。云以雨或雪的形态降落，下渗进入地下水，被植被和土壤吸收，最后通过河流又汇入海洋。这种通过蒸发、蒸腾、输送、凝结、降水、下渗和径流等环节进行的水体连续不断的运动的过程，叫作水循环。

人工降雨

人工降雨是指人们根据不同云层的物理特性，选择合适的时机，向云中播撒干冰、碘化银、盐粉等催化剂，使云层降水或增加降水量。人工降雨是人工影响天气中进行得最多的一项试验，人们主要通过它来缓解农田的干旱、增加水库灌溉水量或供水能力，有时也用以增加发电用水量等。

七色光——彩虹

夏季的雨后，空气清新，晶莹剔透的小水珠保持着对绿叶的留恋，小泥坑里的雨水安静地嗅着泥土的芳香，最惊喜的是，在这样和谐的氛围中，一道彩虹早已挂上半空。彩虹又称“天虹”，它常见于夏季雨后，是因为它的形成与空气中的小水滴有关，冬季虽然有降雪，但是气温较低，空气中不易有小水滴，所以彩虹通常不会在冬天出现。彩虹最突出的特点就是它的“七色光”，我国对于彩虹的七色光普遍说法按照波长从大至小排序为：红、橙、黄、绿、蓝、靛（diàn）、紫。

彩虹形成的原理

色彩鲜艳又无害的彩虹是怎样形成的呢？其实它是气象学中的一种光学现象，是由于阳光照射到空中接近圆形的小水滴上，造成光的色散及反射形成的。因为水对光有色散作用，不同波长的光的折射率有所不同，每种颜色有其特定的弯曲角度，所以每种颜色在天空中排列的位置都不同。彩虹的明显程度取决于空气中小水滴的大小，小水滴的体积越大，形成的彩虹颜色越鲜亮；小水滴的体积越小，形成的彩虹越不明显。

光学现象

彩虹是一种光学现象，是由于阳光射入水滴经折射和反折射而形成视角半径约 42°的彩色光环造成的色散和反射形成的。彩虹不只是出现在雨后，洒水车后面、喷泉或瀑布周围有时也会出现彩虹。

彩色的“大圆环”

雨过天晴之后，彩虹就“羞答答”地登场了，它弯弯的，像挂在半空的彩桥。其实，彩虹并不是我们看到的半圆形，而是一个完整的彩色大圆环，只是它“调皮”地露出一半“脸”，把剩下的部分藏在了地平线下，所以我们看到的只是一部分的彩虹。事实上，在适合的条件下（如在飞机上），我们完全有可能看到完整的彩虹。

双彩虹

在天空中有时会同时出现两条彩虹，在色彩清晰的彩虹外边还有一条同心但是色彩较暗的彩虹。这种双彩虹是在水滴内进行两次反射后形成的特殊现象，在原彩虹的外围出现一条直径稍大、颜色排列次序相反的同心彩虹，内层色彩清晰的称为主虹，外层称为副虹，又称为“霓”。由于每次反射会损失一些光能量，因此副虹的亮度稍弱。其实副虹一直跟随主虹存在，只是因为它光线强度较低，所以有时不易被人们察觉。

两极光辉之美——极光

在地球上，南极和北极是最寒冷的地方，它们终年被冰雪、海冰覆盖，色彩比较单一。但是，南极和北极并不枯燥，因为大自然赋予了它们别样的美丽——极光。极光是一种绚丽多彩而又千变万化的发光现象，它出现在地球南北两极附近地区的高空中。极光在南极被称为南极光，在北极被称为北极光。极光不仅是一种光学现象，而且是一种无线电现象，它可以用雷达进行探测研究，还会发射出某些无线电波。我们只看到了极光的美丽，但还有许多关于极光的未解之谜。

极光产生的原理

极光是地球周围的一种大规模放电的过程，它经常出现在南北纬67°附近的两个环带状区域内，因此只有在南北两极附近区域才会看见极光。极光的形成是由于来自太阳的带电粒子到达地球附近，地球磁场迫使其中一部分带电粒子沿着磁场线集中到南北两极。当它们进入极地的高层大气时，与大气中的原子和分子碰撞并激发产生光芒，形成了极光。

绚丽的极光之美

极光被人们认为是自然界中最美丽的奇观之一，它形状不一，多种多样，五彩缤纷，绚丽无比。极光的美是跳跃无常、变幻莫测的，它有时出现的时间极短，几乎是一闪而过；有时又会在苍穹之中交相辉映几个小时。它时而像一条柔韧的彩带，时而像一团旺盛的火焰，它的变化无法预知，却总是能创造新的惊喜。极光的亮度也是瞬息万变的，常常一眨眼就从微弱变为耀眼。

北极光之都

位于美国西北部阿拉斯加洲的费尔班克斯市一年中有超过20天的极光现象，被称为“北极光之都”。

三大条件

极光产生的条件有三个：大气、磁场、高能带电粒子，这三者缺一不可。

北极光的神奇声音

北极光的壮丽唯美使人沉迷，而伴随着北极光发生的，是一种神秘的声音。一直以来，有关于北极光的神秘声音流传着许多传说，这让人们感到好奇。北极光发出的含混不清的神秘炸裂声，并不是每次都会伴随极光而来，并且持续的时间很短。至今，北极光产生神奇声音的具体原因仍是一个谜，但是科学家已经尝试寻找它背后的原理。

冰的密度小于水的密度，所以它会浮在水面上，保障水下生物的生存。

冰与雪

冬季大概是孩子们最喜欢的季节了，因为在冬天，经常会有从天而降的“玩具”——雪。雪具有一定的可塑性，人们在手中握一握，它就“听话”地变成了一个雪球，把小小的雪球在雪地上滚一滚，它就会沾上越来越多的雪，最后雪球会越来越大。除了天上掉下来的“礼物”外，地上也有“天然的玩具”，那就是冰。冰表面光滑，人们助跑几步，在冰面上不需消耗体力就能滑出很远。在冰面上，人们还会抽陀螺、拉爬犁等。和冰雪的嬉戏，让人们忘记了寒冷。冰雪运动是冬季奥运会中的“主角”，受到世界大部分国家的重视。

冰和雪的区别

冰和雪在本质上是一样的，都是固态的水，但是，它们之间也存在着较明显的区别。冰是水凝固形成的，表面光滑；雪是水蒸气凝华形成的，呈花朵形状。水是液态的，分子间距小；水蒸气是气态的，分子间距大，所以它们形成固态后，分子间距也有很大的区别。冰的分子间距小，所以硬，很难压缩；雪的分子间距大，雪花之间的空隙也大，所以容易压缩。

雪的形成

雪是人们在冬天很常见的一种自然现象，片片飞舞的雪花是怎样形成的呢？天空中的冰云是由无数微小的冰晶组成的，这些微小的冰晶在相互碰撞时，一部分会因表面增热而融化，又会因为相互黏合而重新冻结起来，这样的过程重复多次，冰晶便增大了。冰晶也会吸附云内的水汽，越长越大，当它增大到能够克服空气的阻力和浮力的时候，就会以雪花的形态降落到地面。

冰为什么浮在水面上

水是一种特殊的液体，它遵守热胀冷缩的规则。水的温度在4℃时，密度最大，而温度低于4℃时，形成“假冰晶体”，导致密度下降。当水结成冰的时候，冰的密度小于水的密度。如果冰的密度大于水，它会不断下沉，在炎热的夏天也不会解冻，在天冷的时候又会继续冰冻，直到所有的水都结成冰，那样所有的水生生物将会变成冰块中的“标本”，不复存在。

电闪雷鸣——雷电

在炎热的夏季，雨水能冲走干燥，带来一丝凉爽，人们会嗅到空气中清新的泥土味道，还会看到挂在半空的彩虹。但雨水不总是那样温柔，它也有急躁的时候。大暴雨不仅使得天空乌云密布，还常常伴有令人恐惧的雷电。这种伴有雷声和闪电的壮观又有点令人生畏的放电现象就是雷电。产生雷电的条件是积雨云中带有电荷。科学家对积雨云的带电机制及电荷有规律分布进行了大量的观测和试验，积累了许多资料，并提出了各种各样的解释，有些论点至今还存在争论。

雷电的种类

雷电分为直击雷、电磁脉冲、球形雷、云闪四种，其中直击雷和球形雷都会对人和建筑物造成危害，球形雷的威力相对要小一些。直击雷是危害最大的雷电，它在云体上聚集大量的电荷，所以它经常会在建筑物、空地或者铁塔上释放电荷，就会对人或建筑物造成伤害。云闪是在云朵之间发生的雷电，而电磁脉冲主要是干扰电子设备，所以这两种闪电对人们的直接伤害较小。

雷电的形成

雷电常伴有强烈的阵风和暴雨，有时还会有冰雹和龙卷风，这是因为它产生于对流发展旺盛的积雨云中。积雨云顶部较高，云上常有冰晶，冰晶的附着、水滴的破碎以及空气对流等过程，使云中产生了电荷。这些电荷有正负之分，形成了电位差，电位差达到一定程度后就会放电，这就是常见的闪电现象。在放电过程中，由于闪电通道中温度骤增，空气体积急剧膨胀，产生了冲击波，导致了强烈的雷鸣，这就是人们见到和听到的电闪雷鸣。

如何预防雷电

相比于其他自然灾害，雷电的袭击更加猝不及防，为了防止雷电对人们的袭击，许多地区高大的建筑物上都安装了避雷针。人们在室外活动遇到雷电时，要及时躲避，不要在空旷的野外停留，不要在树下避雨，要远离高塔、电线杆、广告牌等。在室内的人们要注意关闭门窗，远离水管、煤气和金属物体，同时要关闭家用电器，拔掉电源插头，防止雷电从电源线入侵。

闪电根据形状的不同分为枝状闪电、带状闪电和叉状闪电。

雷电的危害

雷电是一种极具危害性的自然现象，它常常袭击在室外大树下避雨的人们。雷电对人体的伤害，有电流的直接作用、超压或动力作用和高温作用。当人们遭受雷击的瞬间，电流迅速通过人体，会使人体出现雷击纹，被击中的皮肤会表皮脱落伴有皮内出血等现象，严重者会导致心跳、呼吸停止，脑组织缺氧而死亡。除此之外，雷击时产生的火花也会给人体皮肤造成不同程度的灼伤。

大气涡旋——龙卷风

龙卷风，是自积雨云底部下垂的漏斗状云柱及其伴随的猛烈旋转的旋风系统。它会“突然袭击”，给所到之处的人们带去灾难和损失。龙卷风经过时，常把大树连根拔起，还会掀翻车辆、摧毁建筑物等；它会使成片的庄稼和上万株树木瞬间被摧毁，导致交通中断，房屋倒塌，让人们的生命受到威胁和经济遭受损失。龙卷风的生命周期非常短，空间尺度很小，这就导致了人们很难对它做出预报。从 19 世纪以来，天气预报的准确性大幅提升，气象雷达能够监测到龙卷风等各种风暴灾害，人们能够有充足的时间加以防范，一定程度上避免了它的“突袭”。

龙卷风形成过程

龙卷风是怎样形成的呢？它的形成一般被认为与大气运动有关。随着空中云团逐渐变大，云团内部上、下温差越来越小，水蒸气分子升降幅度越来越大，云团内部的对流也越来越激烈。云团下面的水蒸气竖直向上升，水蒸气分子在上升过程中受冷体积会缩小，呈漏斗状，云团下的气体分子不断补充空间，便产生了大风，但是由于周围补充的空间气体不均匀就形成了龙卷风。

龙卷风的特点

龙卷风是大气中最强烈的涡旋现象，它常发生于夏季的雷雨天气时，特别是在下午至傍晚的时间段内最为多见，影响范围较小，但破坏性极大。龙卷风通常是极其快速的，风速可达每秒 100 米，甚至可以达到每秒 175 米以上，比 12 级台风的风速还要高五六倍。龙卷风的生命周期非常短，从发生到消失通常只有几分钟，最长也不过几十分钟。

除南极洲外，各大洲均有发生过龙卷风，龙卷风主要发生在中纬度地区。

“龙吸水”

龙卷风“大漏斗”形的外观与古代传说中从波涛汹涌之处蹿出的蛟龙十分相像，它也因此而得名。龙卷风具有强大的“吮吸”力量，能把水吸离水面，形成水柱，与云相接。这种现象俗称为“龙吸水”，水上龙卷风，也被称为“龙吸水”。“龙吸水”过后，“吸”到天上的水就会降落下来，形成暴雨。

荒漠化的标志——沙尘暴

人们时常在电视中看到某些地区有沙尘暴天气，在这种天气下，路上行人稀少，且都戴着口罩或丝巾出行。沙尘暴是沙暴和尘暴的总称，是荒漠化的标志。沙尘暴是指强风从地面卷起大量沙尘，使水平能见度降低，具有突发性、持续时间较短等特点的灾害性天气现象。其中，沙暴是指大风把大量的沙粒吹入近地层所形成的挟沙风暴，尘暴则是大风把大量的尘埃及其他细小颗粒物卷入高空形成的风暴。沙尘暴发生时，风力很大，强沙尘暴天气风力可达八级以上，大风能卷起石头和沙土，浓密的沙尘铺天盖地，使人们在一段时间内看不清任何事物。

沙尘暴的优点

沙尘暴虽然会给人们带来多种危害，但它的发生过程却是自然生态系统中不能缺少的部分。沙尘暴会给一些地区的土壤带去“养料”：科学家发现澳大利亚沙暴的红色石英沉积物在新西兰也可找到，并且这些沙暴带来的“战利品”肥沃了新西兰的土地。沙尘暴的主要成分是带有负电荷的硅酸盐，能中和酸雨中的氢离子，减轻酸雨的危害。

沙尘暴的形成原因

沙尘暴是风蚀荒漠化中的一种天气现象，它的形成受多方面因素共同影响，最主要的是自然因素和人为因素的影响。沙尘暴形成的物质基础是地面上的沙尘物质，热力条件是不稳定的空气状态，动力因素是大风，这些也是沙尘暴形成的自然因素。人类活动也影响着沙尘暴的形成，人们过度放牧、乱砍滥伐森林植被、工矿交通建设等，尤其是人为过度的垦荒破坏地面植被，改变地面结构，形成了大面积的沙漠化土地，直接加速了沙尘暴的形成和发育。

古老的天气现象

沙尘暴作为干旱和半干旱地区的主要自然灾害之一，它并不是现代的产物。科学家根据对深海岩芯和冰盖沉积物的测定发现，早在距今约 7000 万年前地球上就有沙尘暴出现。我国 3000 多年前就有史书对西北地区发生的“黄沙”“雨尘”“雨尘土”等天气现象的记载。古人把沙尘暴看成是奇异的灾变现象，认为它是“天人感应”的一种征兆。

沙尘暴监测站

中国在宁夏回族自治区建成了世界最大的沙尘暴监测站，将在沙尘和沙漠研究等方面发挥重要的作用。

沙尘暴的危害

沙尘暴天气是我国西北地区和华北北部地区出现的强灾害性天气，它的出现给当地造成了极大的损失和危害。沙尘暴天气时，狂风卷积的沙石和浮尘到处弥漫，不仅污染环境，也会使患呼吸道等疾病的人数增加，还会破坏作物生长，使土地退化等。沙尘暴天气经常会影响交通安全，导致飞机不能正常地起飞或降落，使汽车、火车等车厢玻璃破碎或者脱轨。沙尘暴造成的房屋倒塌、供电受阻、火灾、人畜伤亡等事例时有发生。

热带气旋——台风

台风是赤道以北、日界线以西的太平洋国家或地区对热带气旋的一种分级。世界气象组织以台风作为热带气旋的最高级别，但部分气象部门会按照需要而设立更高级别，如我国气象台的强台风、超强台风。台风是一种强大而具有破坏力的气旋性旋涡，台风过境时，常伴随大风、暴雨或特大暴雨等强对流天气。台风如此“凶猛”，人们该怎样预防呢？在台风侵袭时，人们应关紧门窗，紧固易被风吹动的搭建物，检查家中的电路、煤气等设施是否安全。处于可能受大暴雨淹没的低洼地区的人们要及时转移，幼儿园及中小学校应该采取暂避措施。

台风的命名

热带气旋数量很多，人们为了区分它们，在 20 世纪初开始给它们命名，据悉，首次给台风命名的是一位澳大利亚的预报员。最开始，人们用人名给台风命名，直到 1997 年台风委员会第 30 次会议决定，西北太平洋和南海的台风要采用具有亚洲风格的名字，并决定在 2000 年 1 月 1 日起开始实行新的命名方法。人们会根据台风的强弱和登陆地区的特点给它们命名，我国著名的台风有杜鹃、悟空、玉兔、风神、海燕等。

台风是把“双刃剑”

台风是一种破坏性很强的灾害性天气系统，它会给其登陆地区带来严重的灾害。但台风是把“双刃剑”，它在侵袭的同时也会给人们带来好处。台风的登陆为人们带来了丰沛的降水，而且降雨量大，为农业发展提供了便利。台风对于调剂地球热量、维持热平衡更是功不可没，如果没有台风对热量的平衡，会导致炎热的地区越来越热，寒冷的地区越来越冷，地球上的温带就不复存在，众多动植物将会灭绝。

台风消失过程

台风在陆地上失去海上的湿气补充，会逐渐损失能量，最后消失殆尽。

台风特点

台风的主要特点有：季节性、旋转性和破坏性。

台风的形成

台风发源于广阔的热带海面上，那里的温度高，有许多弱小的热带旋涡是它的“胚胎”，大量的海水被蒸发到空中，形成一个低气压中心。随着气压的变化和地球自身的运动，流入热带旋涡的空气也跟着旋转起来，形成一个逆时针旋转的空气漩涡，这就是热带气旋。气温越高，热带气旋就越强大，当它达到一定强度的时候，就形成了台风。

水位上涨——洪水

水是生命赖以生存的物质，它能滋润绽开的新芽，也能挽救干涸的裂土，当它“平和”地存在时，会创造无限的美好与和谐。但是水满则溢，物极必反，当水量过多时也会给人们带来灾害。洪水又称“大水”，是指暴雨、急剧融化的冰雪、风暴潮等自然因素引起的江河湖泊水量迅速增加或水位迅猛上涨的一种自然现象。洪水灾害是世界上最严重的自然灾害之一，它往往侵袭人口稠密、江河湖泊集中、降水充沛的地方。我国幅员辽阔，地形复杂，季风气候显著，是世界上水灾频发且受水灾影响范围较广泛的国家之一。

洪水形成的原因

洪水是一种影响范围极广的自然灾害，它的频发有着不可抗拒的原因。洪水通常出现在多雨季节，雨水降落到地面以后，一部分渗透到地下，一部分蒸发到空中，剩下的部分就顺着地面，经过小沟、小溪流入江河。降雨量越大，流入江河的水就越多，当水量超过了江河的最大输送能力，就会暴发洪水灾害。人们扩大耕地、围湖造田、乱砍滥伐等活动破坏了地表状态，改变了汇流条件，加剧了洪灾程度。

洪灾的影响

洪水灾害具有破坏范围广、持续时间长、破坏性强等特点。洪水灾害会造成大量的农田被淹没冲毁，农作物因此减产或绝收。交通和通信会受洪水影响而中断，导致信息、运输受阻或延误，最主要的是会影响紧急救灾物资的运输，威胁受灾群众的生命。洪灾也会影响受灾地区经济的发展，使当地的航运、交通运输、旅游业、水产业等受到严重影响。

洪水分类

洪水成分可分为雨洪水、山洪、融雪洪水和冰凌洪水等。

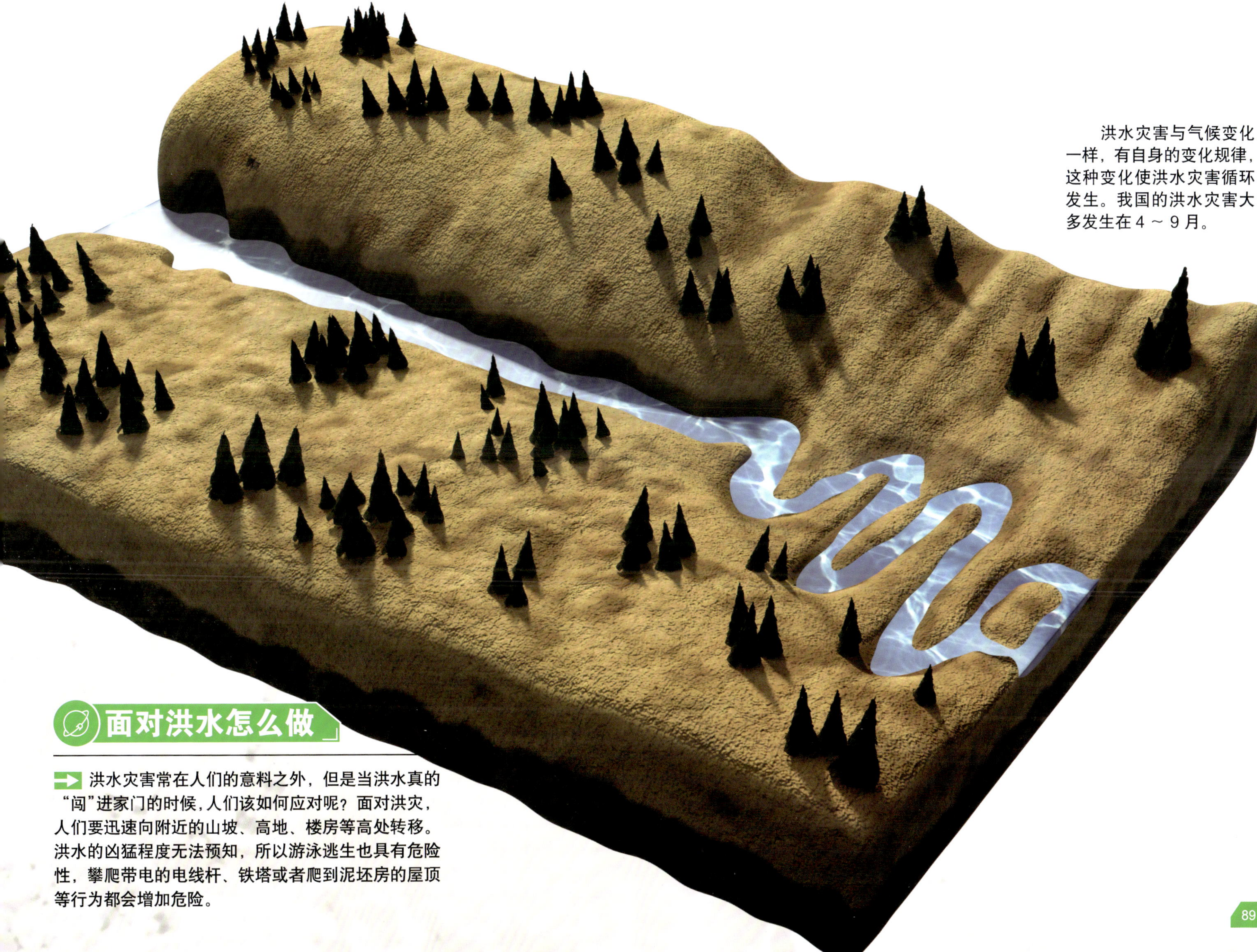

洪水灾害与气候变化一样，有自身的变化规律，这种变化使洪水灾害循环发生。我国的洪水灾害大多发生在4～9月。

面对洪水怎么做

洪水灾害常在人们的意料之外，但是当洪水真的“闯”进家门的时候，人们该如何应对呢？面对洪灾，人们要迅速向附近的山坡、高地、楼房等高处转移。洪水的凶猛程度无法预知，所以游泳逃生也具有危险性，攀爬带电的电线杆、铁塔或者爬到泥坯房的屋顶等行为都会增加危险。

第六章　生命的演化

地球上的生命已经存在了38亿年之久，从生命诞生之日起就不断地演化，在慢慢的变化中形成独特的生命链，这是一个相当漫长并且从未终止的过程。生命的演化不仅仅是生物的进化过程，这更是地球的演化史，通过生命的演化过程，也能让你感受到整个地球在不断地改变。想要了解每个时期不同的生命形式吗？翻开本章，和我一起感受生命的魅力吧！

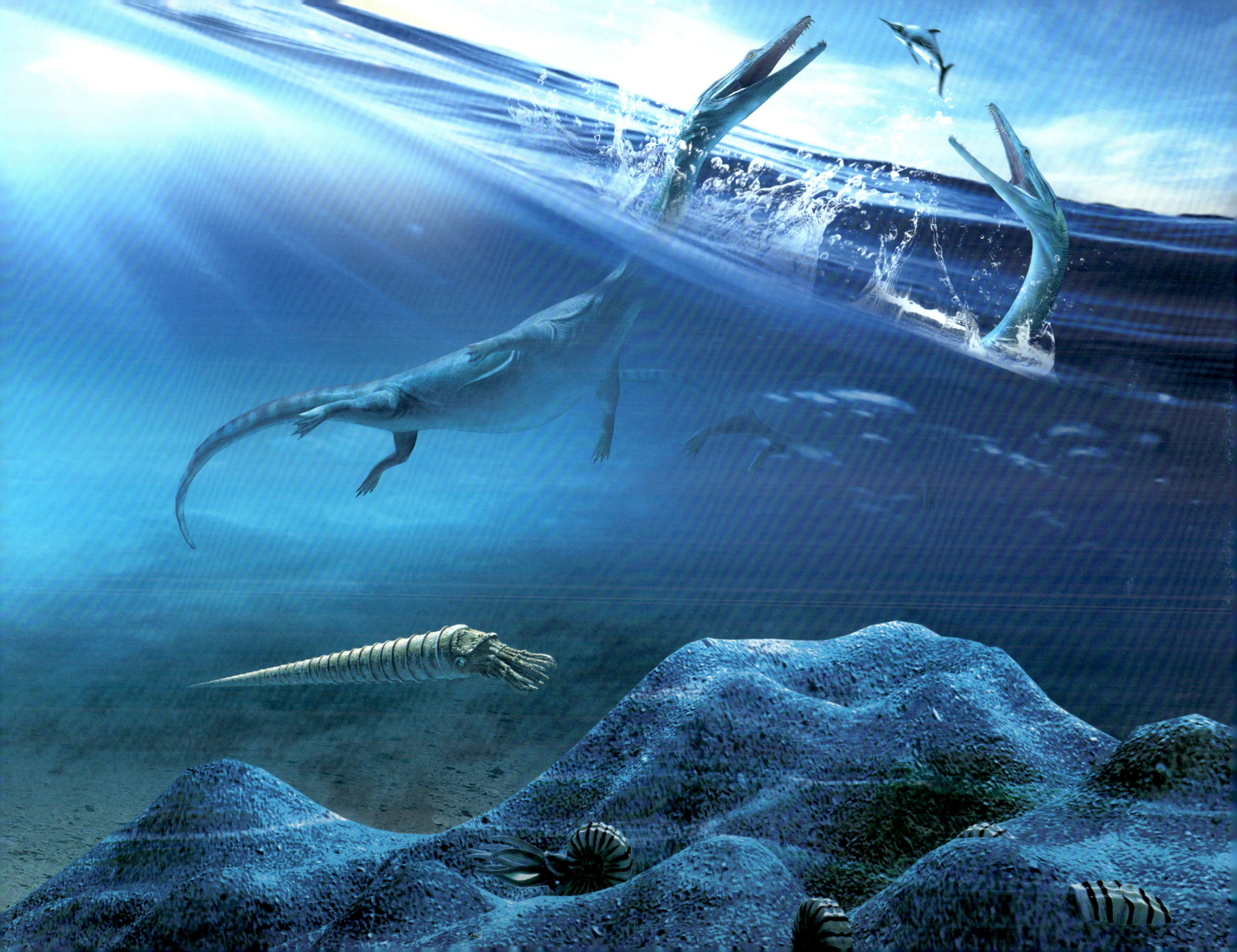

生命大爆发——前寒武纪与寒武纪

与浩瀚无垠的宇宙相比，生命显得极其渺小，但正因为有了生命的点缀，世界才充满生机。生命不是人类独有的，动物、植物都有生命，甚至人类肉眼看不见的细菌、真菌等微生物也拥有生命。那么，生命是从什么时候开始的呢？人类研究表明，早在38 亿年前就有生物的出现，那时的生命进化漫长而低等。从地球诞生到 6 亿年前的这段漫长而缺少生命的时期被称为前寒武纪，这时出现了古生物。寒武纪是距今 5.43 亿～ 4.9 亿年前的一段时期，它是现代生物的开始阶段，是地球上现代生命开始出现、发展的时期。寒武纪的开始，标志着地球进入了生物大繁荣的新阶段。

寒武纪生命大爆发

寒武纪生命大爆发被称为古生物学和地质学上的一大“悬案”，它一直困扰着自达尔文进化论以来的学术界。大约寒武纪开始时，绝大多数无脊椎生物在很短时间内几乎同时“突然”出现了，而在寒武纪之前更古老的地层中，却长期以来找不到动物化石。古生物学家将这一“爆炸”式生物增加的现象，称为“寒武纪生命大爆发”。

小壳动物群

前寒武纪的末期，出现了许多不同形态的动物，这些动物群统称为小壳动物群。

三叶虫的时代

在寒武纪开始后的短短数百万年时间里，包括现生动物几乎所有类群祖先在内的大量多细胞生物突然出现。带壳、有骨骼的海洋无脊椎生物趋于繁荣，它们大多是附着于植物或同类体表的底栖动物，以微小的海藻和有机质颗粒为食。在这之中，最繁盛的是节肢动物三叶虫，寒武纪岩石中保存有比其他类群丰富的矿化的三叶虫硬壳，因此寒武纪又被称为三叶虫的时代。

埃迪卡拉动物群

埃迪卡拉动物群是世界各地许多前寒武纪时期软体无壳动物的化石，它主要由类似水母类、蠕虫类、海腮纲的生物组成，多保存为印痕化石，由于它们生活的年代距今十分久远，因此被统称为古生物。尽管它们的形态、结构都很原始，但是它们被认为是 20 世纪古生物学的重大发现之一。这一发现使科学界摒弃了长期以来认为在寒武纪之前不可能出现生物化石的传统观念。

古生代第二纪——奥陶纪

奥陶纪是地质年代名称之一，是古生代寒武纪之后的第二个纪，约始于 4.9 亿年前，结束于 4.38 亿年前。奥陶纪是地壳发展历史上大陆地区广泛遭受海侵的时代，也是火山活动和地壳运动比较剧烈的时代。奥陶纪海生生物空前发展，是海生无脊椎动物真正达到繁盛的时期，也是这些生物发生明显的生态分异时期。奥陶纪后期，各大陆上很多地区发生了重要的构造变动、岩浆活动和热变质作用，这些地区的褶皱成为山系，从而在一定程度上改变了地壳构造和古地理轮廓。奥陶纪的时间计算跟现在不同，那时每天的时间为 21 个小时，而不是现在的每天 24 个小时。

奥陶纪的生物发展

奥陶纪气候温和，浅海广布，海生生物发展较寒武纪更为繁盛。在奥陶纪早期，首次出现了可靠的陆生脊椎动物——淡水无颚鱼。腕足动物在这一时期演化迅速，大部分的类群均已出现，鹦鹉螺进入繁盛时期，它们体型巨大，是奥陶纪海洋中凶猛的肉食性动物，处于食物链的顶端。

奥陶纪生物大灭绝

奥陶纪没有出现植物，陆地上没有任何动物，所有的动物都生活在海洋中。那时，海洋动物都悠闲的“享受”着生活，丝毫没有意识到即将来临的灾难。奥陶纪末的平凡的一天，一束来自 6000 光年以外的伽（gā）马射线穿透大气层，击中了地球。射线击穿了 1/3 的臭氧层，杀死了大量浮游生物，破坏了海洋食物链的基础，饥荒开始四处蔓延。这是地球上的第一次生物大灭绝事件。

极地气候

奥陶纪也是气候分异、冰川发育的时代。奥陶纪晚期，南大陆的西部发生了大规模的大陆冰盖和海冰沉积，所以那里的气候是寒冷的极地气候。

笔石时代——志留纪

志留纪是古生代的第三个纪，也是早古生代的最后一个纪，约始于 4.38 亿年前，结束于 4.1 亿年前。志留纪的名称源于威尔士地区一个古老部族。志留纪可分为早、中、晚三个世，一般来说，早志留世各地开始形成海侵，中志留世海侵达到顶峰，晚志留世各地有不同程度的海退和陆地上升，呈现出巨大的海侵旋回。志留纪晚期，地壳运动剧烈，古大西洋闭合，一些板块间发生碰撞，导致一些地槽褶皱升起。这时的古地理面貌变化巨大，大陆面积显著扩大，生物界也发生巨大演变，标志着地壳历史发展到了转折时期。

志留纪的矿产资源

志留纪是一个沉积矿产相对贫乏的时期，主要的沉积矿是北美地台上的克林顿沉积铁矿，美国铁矿的 10%、盐矿的 20% 和少量的油气资源均来自志留纪地层。在我国秦岭地区，志留系中的小型藻煤已具开采价值。除此之外，志留系灰岩、白云岩是建筑材料和水泥的重要原料。

志留纪地层分布

志留纪地层在世界范围分布很广泛，当时的浅海海域广泛分布于亚洲、欧洲和北美洲的大部分地区，以及澳大利亚、南美洲的一部分地区。除非洲和南极洲个别小区域外，当时都为陆地。

植物开始登陆

志留纪最重要的生物演化事件就是植物从水中开始向陆地发展，陆生植物首次出现。由于剧烈的造山运动，地球表面出现了很大的变化，海洋面积减少，陆地面积扩大。作为陆生高等植物的先驱，低等维管束植物开始出现并逐渐占领陆地。在这之中，裸（luǒ）蕨（jué）类和石松类是目前已知最早的陆生植物。

气候

志留纪时期，除高纬度的冈瓦纳大陆外，其他各板块大都处于干热或温暖的气候。

志留纪的生物面貌

志留纪的无脊椎动物与奥陶纪生物关系密切，许多经历了奥陶纪灭绝事件的物种，进入了新的复苏阶段。笔石是志留纪海洋漂浮生物中最引人注目的一类，志留纪是笔石的时代。笔石以单笔石类为主，它分布广、演化快，同一物种在世界各地都有发现。根据笔石演化的阶段特征及特殊类型的地质历程，在地层对比中有独特的价值，志留纪分阶界线的确定主要依赖于笔石时代。

鱼类时代——泥盆纪

泥盆纪是古生代的第四个纪，约始于 4.1 亿年前，结束于 3.54 亿年前。1839 年，英国地质学家塞奇威克和默奇森研究了德文郡的“老红砂岩”后，将它命名为泥盆纪，于这一时期形成的地层称为泥盆系。泥盆系的地层在纽约州发育的最好，这里层序完整，化石丰富。泥盆纪时期的气候是温暖的，化石记录说明北极地区在当时都处于温带气候。泥盆纪陆地上出现了最早的昆虫，还有一些淡水蛤类和蜗牛，由造礁珊瑚、海绵、棘皮动物、软体动物等组成的海洋无脊椎动物异常丰富。

泥盆纪的经济价值

泥盆纪具有重要的经济价值，世界古生代约 50% 以上的矿产存于泥盆系中，其中以磷矿、铀矿、锰矿和铅、锌、锡等有色金属为主。由泥盆纪岩石风化和侵蚀形成的地貌构成了很多世界著名的旅游景点，如我国华南地区的喀斯特地貌、苏格兰沿海的海蚀地貌等。

鱼类时代

泥盆纪是地球生物界发生巨大变化的时期，这一时期的重大演化事件是生物由海洋向陆地大规模地进军。这一时期的脊椎动物飞跃发展，各种鱼类空前繁盛，颌类、甲胄鱼数量和种类增多，现代鱼类——硬骨鱼开始发展，因此，泥盆纪常被称为鱼类时代。最重要的是，由鱼类进化而来的两栖类登上陆地，这标志着脊椎动物开始脱离水体并最终征服了陆地。

泥盆纪植物的发展

泥盆纪时期，许多地区露出海面成为陆地，古地理面貌与早古生代相比有很大的变化。泥盆纪早期裸蕨类发展繁荣，有少量石松类植物，多为形态简单，个体较小的草本类型；中期裸蕨植物仍占优势，但原始的石松植物更发达，出现了原始的楔（xiē）叶植物和真蕨植物；晚期裸蕨植物濒于灭亡，石松类继续繁盛，新的真蕨类和种子蕨类开始出现。

岩浆的侵袭

泥盆纪发生了一场地球史上第二次生物大灭绝，它使得地球上 70% 以上的海洋生物永远消失了。这次灾难的罪魁祸首是被称为“超级地幔柱”的岩浆，由于不明原因岩浆从西伯利亚地区喷涌而出，这导致附近的海水沸腾，烫死了成千上万的生物。岩浆中的有毒物质与海水发生化学反应，大量的动物因为无法呼吸而死亡。灾难发生的十万年后，岩浆还在继续喷发，新的灾难又接二连三地袭来。这场“超级地幔柱”灭绝事件，是地球史上持续时间最长的生物灭绝灾难。

巨虫时代——石炭纪

石炭纪是古生代的第五个纪，约始于 3.54 亿年前，结束于 2.95 亿年前。世界万物各有不同，我们所看到的，都是具有“现代化特征”的事物。如我们现在看到的各种动物，有些憨态可掬，有些凶猛威武，但这也许并不是它们最初的样子。你能想到吗，在石炭纪时期的巨型蜻蜓，翼展将近一米，是有史以来最大的昆虫，可是现在的蜻蜓，最大也不过 20 厘米。蜻蜓怎么变小了？其实，不只是蜻蜓，还有好多现在的动植物都不是原本的样子，它们是在漫长的演化过程中，为了适应不断变化的环境而进化成现在的样子。石炭纪盘古大陆主要由针叶林覆盖，树木产生大量的氧气，那时地球的氧含量的是现在的两倍多。这也促进了昆虫的进化，使得这一时期的昆虫都拥有巨大的体型，石炭纪也因此被称为巨虫时代。

石炭纪动物的演化

石炭纪陆生生物发展迅速，海生无脊椎动物也有所更新。生活在陆地上的昆虫，如蜻蜓类，是石炭纪突然崛起的一类陆生动物，它们的出现与当时茂盛的森林有关。石炭纪的海生无脊椎动物与泥盆纪比较起来，有了显著的变化，浮游动物中，出现了新兴的蜓（tíng）类。

石炭纪植物的发展

石炭纪的气候温暖湿润，有利于植物的生长，是植物世界大繁盛的代表时期。随着陆地面积的扩大，陆生植物从滨海地带向大陆内部延伸，并得到空前的发展，形成大规模的森林和沼泽。石炭纪早期的裸子植物（如苏铁、松柏、银杏等）非常引人注目，但蕨类植物的数量最为丰富。可以说，今天地球上的煤炭资源如此丰富，与石炭纪植物界的空前发展密切相关。

石炭纪燃煤事件

石炭纪的陆地完全由森林覆盖，树木的枯枝形成了一层厚达 30 米的煤炭，遍布全球。那时岩浆活动剧烈，产生高温，高温穿过岩石直达煤炭层，煤炭开始燃烧。大火迅速蔓延，丛林中的动物无处可逃，大多被火烧死。一些昆虫虽然能飞，却失去了栖息地，最后筋疲力尽地掉进火海。这场大火使动植物遭到了重创，近一半的陆地几乎没有生命迹象，40% 的物种因此灭绝。这场发生在石炭纪的生物大灭绝事件被称为石炭纪燃煤事件。

爬行动物崛起——二叠纪

生物发展是漫长而多变的过程，每种生物的兴衰变化在各时期都是不同的，受多种条件的影响。二叠纪是古生代最后一个纪，约始于 2.95 亿年前，结束于 2.5 亿年前。这一时期陆地的面积进一步扩大，海洋范围缩小。自然地理环境的变化，促进了生物界的演化。二叠纪的英文名称源自俄罗斯的彼尔姆边疆区，其他语言的名称大同小异。中文为什么翻译为二叠纪？据说在德国的同年代地层中，上半层是白云质石灰岩（称为镁灰岩统），下半层是红色岩石（称为赤底统），这样不同的地层构成就是“二叠”，这一时期因此被称为二叠纪，其间形成的地层称为二叠系。

爬行动物

二叠纪时期爬行动物崛起，三叶虫、四射珊瑚、横板珊瑚等全都灭绝。

崛起与绝迹

二叠纪是生物的重要演化时期，海生生物和陆生生物都有相应的发展变化。二叠纪脊椎动物中的爬行动物逐渐崛起，爬行动物虽然出现在石炭纪，但首次大量繁盛发生在二叠纪，它们是现代爬行类、鸟类和哺乳类动物的“近亲”。无脊椎动物方面，曾“称霸”寒武纪，有 3 亿年历史的古老节肢动物三叶虫在二叠纪彻底绝迹。

二叠纪的矿产

二叠纪的矿产资源主要有岩盐、磷、铜、锰等。其中磷矿主要见于美国的蒙大拿州、俄罗斯的乌拉尔山脉，以及我国的江苏、浙江和福建等地。铜矿见于德国的含铜页岩中，我国西南地区也有与玄武岩关系密切的沉积铜矿。二叠纪还有石油和天然气资源，主要产于美国得克萨斯州等地。

二叠纪地理的历史

二叠纪时期的地壳运动较为活跃，世界范围内的许多地槽封闭并陆续地形成褶皱山系。这一时期，海面比较低，地球上所有板块逐渐拼接成一个联合大陆，被称为盘古大陆。二叠纪也是造山作用和火山活动广泛分布的时期，归属于海西造山运动晚期。北美阿巴拉契亚运动发生于二叠纪末，是当时最强烈的褶皱运动。

最严重的大灭绝事件

二叠纪发生了有史以来最严重的大灭绝事件，估计98%的物种因此灭绝。什么威力如此之大？科学家认为其主要原因是气候的变化，因为那时真正的“霸主”是哺乳动物的祖先，它们的体温不会随着周围温度变化，而一直变冷的气候使得它们和一些海上的生物很难适应。火山爆发也是一个致命的“导火索”，大量的火山灰和有毒气体扩散到大气中，许多动物中毒死亡。这场由多种因素共同导致的地球史上最严重的灾难被称为西伯利亚暗色岩灭绝事件。

三叠纪的气候

科学家对代表三叠纪的经典红色砂岩进行了研究，结果表明，三叠纪的气候比较炎热干燥，没有任何冰川的迹象，那时的地球两极并没有陆地或覆盖的冰层。由于陆地的面积十分广阔，使得带湿气的海风无法进入内陆地区，在大陆的中部形成了一个面积广阔的沙漠。所以陆地上的气候相当干燥，一些不过分依赖水分繁殖的针叶树和较耐旱的蕨类品种因此取得了竞争优势。

恐龙时代前的黎明——三叠纪

中生代的第一个纪是三叠纪，约始于 2.5 亿年前，结束于 2.05 亿年前，它的开始和结束各以一次灭绝事件为标志。由于三叠纪是以灭绝事件开始的，因此早期的生物分化很严重。这时期出现了六放珊瑚亚纲，第一种会飞的脊椎动物可能也是这个时期出现的。三叠纪末期，世界上最早的乌龟——原颚龟出现了，第一批鱼龙也“诞生”在这一时期。三叠纪晚期，恐龙已经是一个种类繁多的类群了，它们在当时的生态系统中占据了重要地位，因此，三叠纪也被称为“恐龙时代前的黎明”。

动物的发展

三叠纪的海洋中无脊椎动物类群发生了重大变化，甲壳动物取代了腕足动物，六射珊瑚取代了四射珊瑚。这一时期的脊椎动物得到了进一步的发展，槽齿类爬行动物出现并发展出最早的恐龙。与此同时，从兽孔类爬行动物中演化出了最早的哺乳动物——似哺乳爬行动物。

大灭绝事件

三叠纪结束在一场灭绝事件中，但是引起灭绝事件发生的原因还不清楚。在这次事件中，海洋动物“损失惨重”，牙形石灭绝，除鱼龙外的所有海生爬行动物彻底消失。不过，这次灭绝事件在不同地方的影响是不一样的，有些地方几乎没有受到影响，有些地方的合弓纲动物和槽齿目动物均在这次事件中灭绝。

恐龙称霸时代——侏罗纪

侏罗纪约始于2.05亿年前，结束于1.37亿年前，在所有地质年代中，侏罗纪大概是最广为人知的一个。侏罗纪是中生代的第二个纪，在这一时期，地理环境变化显著，生物的发展演化十分引人注目。尽管当时有部分干旱地区，但绝大多数的盘古大陆都是郁郁葱葱的绿洲，繁盛的森林植被形成了如今澳大利亚和南极洲丰富的煤炭资源。侏罗纪生物的发展演化也大放异彩，这时的哺乳动物开始发展，无脊椎动物中的双壳类、腹足类、介形虫、昆虫类迅速发展。侏罗纪最重要的事件是恐龙成为陆地的统治者，鸟类也在这一时期出现。

恐龙成为统治者

恐龙虽然出现在三叠纪，但是它们真正“一枝独秀”处于“统治”地位却是在侏罗纪。侏罗纪早期，因为经历了三叠纪末期的大灭绝事件，所以各种动植物都处于“休养生息”的阶段，数量非常稀少。但恐龙却种类繁多、形态各异，除了陆地上身形巨大的迷惑龙、梁龙、腕龙等，水中的鱼龙和空中飞行的翼龙等也大量的发展和进化。侏罗纪是恐龙最鼎盛的时期，这时的其他生物仿佛都是配角，因此侏罗纪被称为恐龙称霸的时代。

裸子植物

侏罗纪时裸子植物极盛，苏铁类和银杏类发展达到高峰，松柏类也占有重要地位。

始祖鸟

在侏罗纪生物演化过程中，一个重要的事件就是始祖鸟的出现。始祖鸟是介于有羽毛恐龙和鸟类之间的过渡物种，但是它曾被认为是最古老的鸟类代表。始祖鸟最特别的地方在于，它拥有与小型兽脚类恐龙相似的骨骼、牙齿和爪子，但是它也有与鸟类相似的特征，比如它有长着羽毛的翅膀和尾巴，也能在空中飞翔。

恐龙灭绝——白垩纪

白垩纪是中生代最后一个纪，约始于 1.37 亿年前，结束于 0.65 亿年前，经历了 8000 万年，是显生宙最长的一个阶段。白垩纪时期大陆被海洋分开，地球变得温暖而干旱，开花植物、最大的恐龙在这时出现，许多新的恐龙种类涌现并发展。最初，陆地的“统治者”仍然是恐龙，天空是翼龙和鸟类的圣地，巨大的海生爬行动物“统领”着浅海。这样的景象持续了很久，最后却黯然结束在白垩纪末的灭绝事件中。

白垩纪的气候

白垩纪时期的海平面变化大，气候温暖，大面积的陆地被温暖的浅海覆盖。白垩纪中期，海洋低层流动缓慢，造成海洋缺氧环境。全球各地许多黑色页岩层就是在这样的环境下形成的，这些页岩是石油、天然气重要的来源。

植物的进化

白垩纪早期，以裸子植物为主的植物群依然繁茂，而这时被子植物也兴盛起来，并且它渐渐取代了裸子植物的优势地位。现在的被子植物群都是从那时延续至今的。这些被子植物为昆虫、鸟类、哺乳类动物提供了大量的食物，使它们得以繁衍。

恐龙灭绝事件

剧烈的地壳运动和海陆变迁，导致了白垩纪生物界发生巨大变化，许多盛行和优势的门类，如裸子植物、菊石等，相继走向衰落和灭绝。白垩纪末期的灭绝事件是地质年代中最严重的大规模灭绝事件之一，大部分物种在此灭亡，在地球上生存了 1 亿多年，曾“称霸”侏罗纪的恐龙家族也在这次灭绝事件中彻底消失了。关于这次事件的原因，有说法是一颗巨大的小行星撞击地球造成的，但是这一说法仍存在争议。

哺乳动物的繁盛——古近纪

生物经历了漫长的发展，终于迎来了新生代。这里所说的“新生代”是地质年代，古近纪就是新生代的第一个纪，约始于6500万年前，结束于2330万年前。古近纪旧称早第三纪、老第三纪，它原意是指近代生物的发生和启蒙时期，包括古新世、始新世和渐新世。随着白垩纪的结束，这一时期气候有了显著变化，给生物发展带来了转机，早白垩世出现的被子植物在古近纪极度繁荣，整体的植物群面貌有了较大的改观；草类和显花植物也逐渐发展，给动物界的繁荣提供了必要条件。古近纪动物的基本特点是哺乳动物的迅速发展演化，种类和数量的剧增。这一时期，除了适应陆地生活的动物外，还出现了天空飞翔的蝙蝠类和重新适应海洋生活的鲸类。

沉积的矿产

古近纪的沉积环境多样化，沉积物中蕴藏的资源十分丰富，主要有石油、煤、天然气、含铜砂岩和各种盐类。由于古近纪有大量动物遗体的堆积，所以不论是海相地层还是陆相地层都有石油的存在。古近纪也是重要的成煤时期，干旱带是盐类富集的场所，这一时期的盐类沉积主要有石膏、岩盐、芒硝、天然碱和钾盐等。

哺乳动物的繁盛

古近纪是哺乳动物进化史上一个重要的繁衍时期，晚白垩纪时哺乳动物只有 10 个科，到古新世时却猛增到 40 多个科。这些哺乳动物不仅有白垩纪已有的多瘤齿兽目、食虫目等，更重要的是各种古老和土著类型的有胎盘类动物大量发展和分化。它们绝大部分与现代的哺乳动物各目都没有直接的关系，许多种类是为了适应环境而进化的。

古近纪的地理特点

海底扩张、古陆分离等因素，对世界上整个地质构造格局和古地理环境产生了重大的影响。古近纪时，特提斯海也就是古地中海最终消失，亚洲大陆形成，青藏高原升起，阿尔卑斯山、喜马拉雅山、落基山和安第斯山等现代山系相继形成。

晚第三纪——新近纪

生命的演化就是一个不断更迭的过程，经历了几次大灭绝之后，生物的种类开始空前繁荣，这是一个新时期的到来。在这一时期中，陆地变得更加“立体”了，动植物群落的发展开始走向现代化，这就是新近纪的景象。新近纪约始于 2330 万年前，结束于 260 万年前。新近纪是新生代的第二纪，曾经被叫作第三纪的一个亚纪。这一时期的生物界总体面貌已经与现代更为接近，是哺乳动物和被子植物高度发展的时代。新近纪的植物界，高等植物区系与现在几乎没差别，低等植物中的淡水硅藻较为常见。哺乳动物有了新的发展，主要的特征就是体型增大。

新近纪生物的发展

这一时期的无脊椎动物中大量属种是现生的，早第三纪特有的货币虫已经完全灭绝。各种海洋中的原生动物，如有孔虫、放射虫等极为繁盛，这在海相地层的划分中起到了重要的作用。哺乳动物中，早第三纪的特征门类，如有袋类、肉齿类，奇蹄目和偶蹄目中的一些种类，只有少数残存至中新世初期，其余的都相继灭绝，取而代之的是长鼻目、肉食目、反刍动物和啮齿目、兔形目中的大量种属。

气候、生物与矿产

新近纪的气候较冷，许多热带植物被落叶森林和草地取代，促进了食草动物的进化，创造了现在许多的食草动物，如马、野牛和羚羊等。这一时期最主要的矿产是石油和天然气，除此之外，还有褐煤、残积型铁矿、锰矿和硅藻土矿等。

地质的变化

在新近纪时期，全球的海洋和陆地的轮廓已经与现今非常接近，从整体来看，海洋所占面积较大，陆地所占面积较小。新近纪也是山脉形成的重要时期，现在地球上海拔较高的山脉几乎都是这一时期形成的，如欧洲的阿尔卑斯山，亚洲的喜马拉雅山等。

人类迅速发展——第四纪

我们现在所看到的山川平原、江河湖海、花草树木以及各种动物，都是生命演化的“最新形式”，这漫长的过程并没有结束，只是人们的智慧让世界万物变得更加多姿多彩。生命演化的最后一个时期，是从约 260 万年前开始的，一直持续到现在，这就是新生代中最新的一个纪——第四纪。第四纪分为更新世和全新世。这一时期的生物界已经进化到现代面貌，陆地和海洋也在这时分化和形成得更加明显。可以说，我们现在就生活在第四纪，每一天的变化都是生命演化的“实时更新”，我们无法预知生命演化的最终结果，也无法控制自然界的变化无常，但是我们要从自身做起，保护我们现在生活的环境，与自然和谐相处。

地理环境

在第四纪时期，地震和火山的“活动”极为活跃，这时的构造运动属于新构造运动，陆地上新的造山带是新构造运动最剧烈的地区，地震和火山是新构造运动的表现形式。这一时期，由于气候的变化和地壳运动等原因，引起了海平面的升降。第四纪大冰川期，是地球史上最近一次大冰川期。

人类的出现

第四纪动植物已经发展得十分成熟，这时候重要角色出现了，那就是人类。距今 200 万年前，在东非的坦桑尼亚出现的能人，可能是早期的直立猿人，后来他们逐渐扩散到中国、爪哇，最著名的代表就是北京猿人和爪哇猿人。在更新世晚期，现代人类进入北美洲并逐渐向南迁移。而进入全新世后，现代人分布到除南极洲外的各个大陆。

生物的发展

第四纪生物与第三纪相比，在组成和分布上发生了明显的变化。哺乳动物几乎都是新生的种类，在欧洲及邻近的亚洲部分现生的 119 种哺乳动物中只有 6 种在上新世生存过。在第四纪冰川时期，随着大陆冰盖的扩展和移动，动植物也开始了迁移的“旅程”，开始广泛分布。

冰川

第四纪的冰川的负荷与卸荷使地壳升降变化称为冰川均衡作用，这种作用对地貌发育的影响极大。

第七章　生物的种类

地球诞生之初与其他星球一样，并没有生命存在。那时的地球天气炎热，气候非常恶劣，海洋上空经常电闪雷鸣，也许正是在这样的极端条件下，才开始慢慢产生了有机物，后来它们聚合在了一起，就有了最初级的藻类。经过多年的演变，地球上出现了各种植物、动物等不同的生命体，它们使整个地球都变得生机盎然。在这一章中你将了解到地球上各种各样的生命奥秘。

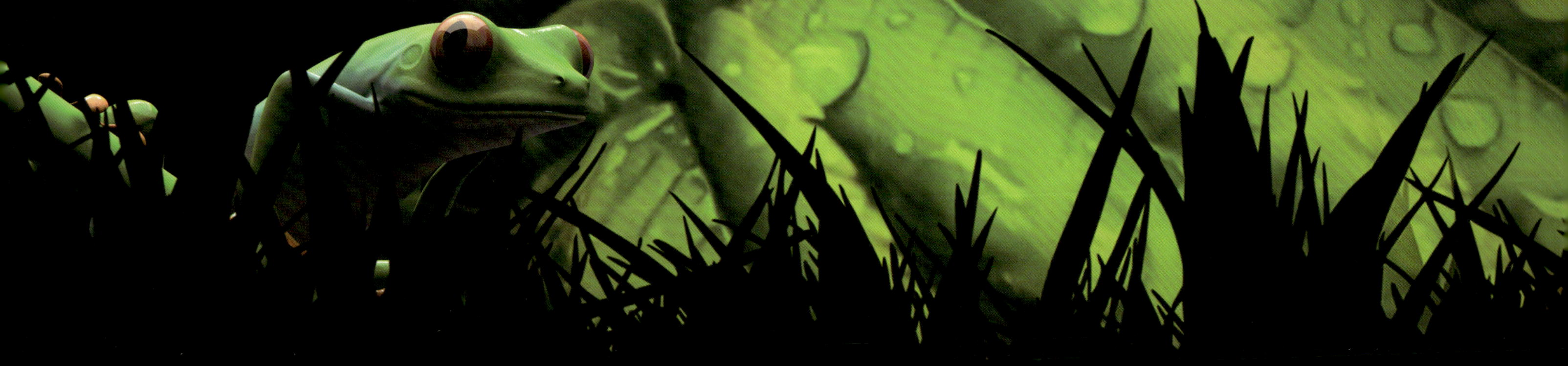

单细胞生物

每一个生命的存在，都离不开细胞，细胞是生物体的基本结构和功能单位。不同的生物，其组成细胞也是不同的，而根据构成的细胞数目可以将它们分为单细胞生物和多细胞生物。单细胞生物顾名思义就是只由单个细胞组成，并且经常会聚集成为细胞集落。地球上第一个单细胞生物大约出现在距今 35 亿年前，它们在所有的动物界中属于最低等的原始动物，包括所有的古细菌和真菌以及很多种原生生物。单细胞生物主要分为有核单细胞生物和无核单细胞生物，有核的单细胞生物最典型的代表就是草履虫。而无核的单细胞生物，虽然又称无核细胞，但并不是没有核的细胞，而是一种存在的无核原生质团。

蓝藻

➡ 蓝藻是一种进化历史悠久、没有鞭毛的大型单细胞原核生物，它能进行光合作用并释放氧气。蓝藻的蓝细菌分布广泛，除了在各种水体、土壤中和各种生物体内之外，在岩石表面和一些恶劣的环境中也能找到它们。蓝藻的发展使整个地球的大气从无氧状态发展到有氧状态，从而促进了所有喜氧生物的进化和发展。

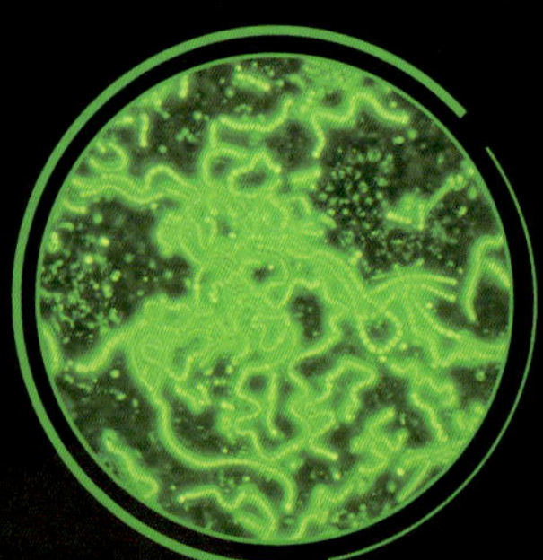

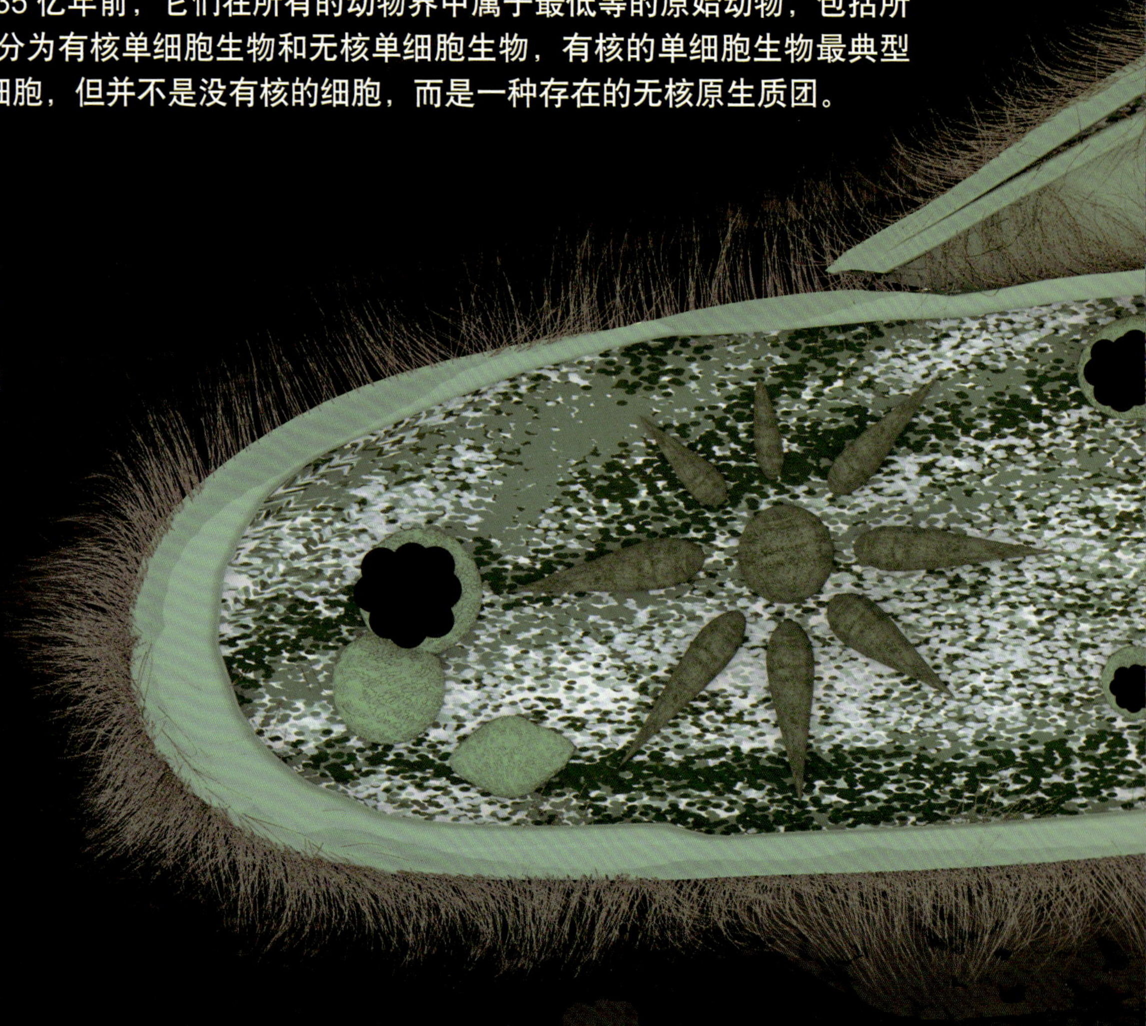

单细胞蛋白质

单细胞蛋白质是单细胞或者一些具有简单构造的多细胞生物菌体蛋白的统称，它曾被称为发酵蛋白、生物合成蛋白、生物蛋白等。单细胞生物繁殖很快，单细胞蛋白质生产周期短。单细胞蛋白质的营养成分很大，常用作饲料和一些工业原料。

真菌

雨后的山林中，随处可见树下冒出一群大小不一的蘑菇，这些蘑菇形状不同，颜色也存在差异。蘑菇是生活中很常见的一种蔬菜，它属于真菌。还有一些大型真菌，如香菇、草菇、金针菇、木耳、银耳等，它们既是重要的蔬菜，又是食品和制药工业的重要资源。真菌是一种真核生物，目前已经发现了七万多种，大多数真菌原来被划入动物或植物之中，现在它们已经“自立门户”，自成一界。真菌和植物、动物、细菌最大的不同之处就是真菌的细胞中是以甲壳素为主要成分的细胞壁，而植物的细胞壁主要是由纤维素组成。

真菌的应用

真菌的种类繁多，用途广泛。例如，霉菌，又称“丝状菌”，常见的有毛霉、曲霉和青霉等，可以用作生产工业原料，也可以进行食品加工，还能制造抗生素和生产农药等。黄曲霉是半知菌类，可以用来生产淀粉酶、蛋白酶等，也是酿造工业中的常见菌种。白地菌常见于各种乳制品中，也用于泡菜和酱的制作。

真菌的繁殖方式

真菌经历过营养阶段后，就进入了繁殖阶段，由此产生许多新的个体。大多数真菌的繁殖方式通常是有性繁殖和无性繁殖，主要以无性繁殖为主，其中有性繁殖是以细胞核的结合为特征，无性繁殖是以营养繁殖为特征，也就是不经过两性细胞的结合就能产生新的个体。

真菌感染

真菌家族中，有些是人类的“朋友”，也有一些是“敌人”，对人类有致病性。除了新型的隐球菌和蕈菌外，在医学上有致病性的真菌几乎都是霉菌。根据真菌侵犯人体部位的差异，将致病真菌分为浅部真菌和深部真菌，其中浅部真菌侵犯皮肤、毛发和指甲等，而深部真菌能侵犯黏膜和内脏等深部组织。

植物

我们现在所看到的山川平原、江河湖海、花草树木以及各种动物，都是生命演化的“最新形式”，以其“派系”雄踞地球任意一方的植物大家族是生命演化的主要形态之一。植物的起源时间非常悠久，很久之前地球上已经有了单细胞的植物，也就是菌类与藻类，之后才逐渐演变成能自养的植物。植物的进化过程，基本上分为菌藻植物时代、裸厥植物时代、蕨类植物时代、裸子植物时代、被子植物时代。在不同的生物分界系统中，植物的概念及其所包括的类群也不一样，如将生物分为植物和动物两界时，植物界包括藻类、菌类、地衣、苔藓、蕨类和种子植物。大多数的植物演化至今都能进行光合作用，它们是地球上“光的使者”。

光合作用

绿色植物通过吸收太阳光能，把二氧化碳和水制造成有机物，同时释放氧气的过程叫作光合作用。绿色植物的大部分能源都是由光合作用从太阳中得到的，温度、湿度、光线是植物生存的基本需求。而绿色植物具有光合作用的能力，因为它们含有叶绿素，配合阳光，在酶的催化下，就能进行光合作用，释放氧气产生可利用的有机体，这就是植物的“生存之道”。

植物百态

你知道吗？在一些热带森林里面，经常可以看见参天巨树和奇花异草，甚至有些植物还会“凶猛”地攻击人类和动物。如果给植物们举办一场竞赛的话，一定会有很多“冠军”诞生。要比世界上最高的树，一定是澳洲的杏仁桉树夺冠，它们普遍都在 100 米以上，最高可达 156 米，有 50 层楼那么高。

植物的价值

植物虽然是“无声”的生命，但是它们的价值却不容忽视。植物可以成片种植以美化环境、调节温度，还能减少噪声，降低风速，防止水土流失。同时，植物还有食用价值，是人们获取营养的直接或间接的来源；植物还有药用价值、原料价值和观赏价值。

软体动物与棘皮动物

海底是个炫丽缤纷的大世界，不仅有漂亮的水生植物的装点，更有美丽的海洋动物来往穿梭，构成一幅动静相宜的画卷。海底动物种类繁多，形态各异，有身长长达 30 米的鲸鱼，也有微小的单细胞原生动物，从海底到海面，生活着“各阶层”的海洋动物。其中，有一类海洋动物，它们身体柔软，有的还背着防御攻击的“大房子”，它们就是软体动物。软体动物是动物界中仅次于节肢动物的第二大门类，种类有十多万种，常见的有螺类、蚌类、乌贼、章鱼等。还有一类海洋动物，它们再生力很强，大多数都会“分身术”，这就是棘皮动物。虽然现存的棘皮动物种类只有 6000 多种，但它们的化石多达 20000 种以上，常见的棘皮动物有海星、海胆、海参等。

海星

要说棘皮动物中最具代表性的一类，那一定是海星。海星的身体扁平，外观看上去像一个“五角星”，体表有突出的棘、瘤等附属物。在海星的腕上密布四列管足，既能帮助它们灵活地捕食猎物，又能让它们坚固的攀附在岩礁上。海星类都是肉食性动物，它们可以取食各种无脊椎动物，特别是贝类、甲壳类、多毛类等。

奇妙的软体动物

软体动物柔软的身体表面有一层“外套”状的膜，大多数都具有贝壳，它们的运动器官是足。尽管软体动物的形态结构差异较大，但是它们的基本结构是相同的，由于坚硬的外壳会妨碍活动，因此有壳的软体动物行动都十分缓慢。

章鱼

章鱼是软体动物大家族的代表，是头足纲中最大的一科。它们的体型是一个柔软的“囊”，头部有一双大的复眼，长有 8 条腕，又被称为“八爪鱼”。在章鱼的每条腕上，有 1 列或者 2 列大小不一的吸盘，能摄食大型的浮游生物。章鱼有一项绝技：能连续 6 次向外喷射墨汁。另外；它们 还能够像变色龙一样，改变自身的颜色和结构，这样是为了更好地伪装自己，“潜伏”起来捕食猎物。

棘皮动物的“外观特征”

棘皮动物外观看起来差别很大，有星状、球状、圆筒状和花状。但神奇的是，除了消化道以外，无论什么形状的棘皮动物的水管系、神经系、血系和生殖系都是辐射对称的，因此它们的身体有口面和反口面之分。棘皮动物的骨骼很发达，由许多分开的碳酸钙骨板构成，通常皮上带有棘。

节肢动物

在生活中，有一些常见的动物外观看上去差异很大，但是它们却是“一家人”，你能猜到是什么动物吗？它们就是节肢动物。节肢动物是动物界中最大的一门，这也就是说它们是世界上种类最多的动物，全世界目前已知现存的种类100多万种，占到了所有动物种类的80%。这个庞大的“家族”有自由生活的成员，也有寄生的成员，它们的生活环境囊括了水、陆、空。现在你是不是想“见识”一下这个家族的“成员”啦？其实，它们在生活中是极其常见的，包括虾、蟹、蜘蛛、蝗虫、蚂蚁、蚊、蝇等，甚至蝴蝶、飞蛾也是其中的一员。

外形特点

节肢动物的身体就像是大自然精雕细琢的“艺术品”，大都是呈两侧对称状，由一列体节构成，可分为头、胸、腹三部分。这三分部各有各的分工，头部是感知中心，同时也是取食的重要部位；胸部是支持和运动的“管家”；腹部是营养中心和繁殖重地。

生长与繁殖

节肢动物的繁殖方式多种多样，大多数节肢动物雌雄异体，最令人惊叹的是它们往往是雌雄异形，从外观上看，根本想象不到它们是“一家人”。节肢动物的陆生种类通常是体内受精，而大部分的水生种类则是体外受精，多为卵生，也有一部分是卵胎生。除两性生殖外，还有一些节肢动物的种类是孤雌生殖、幼体生殖和多胚生殖等形式。

重要的科学价值

节肢动物具有重要的科学价值，它们的骨骼能形成化石，在距今 8 亿～ 10 亿年前的伊迪卡拉动物群中发现了大量节肢动物的化石。人们曾利用过很多节肢动物的化石作为标准化石用于地层比对和探究沉积环境。

蜕皮

节肢动物外骨骼坚硬发达，成长中要经历蜕皮的过程。

鱼类

水中的世界总给人一种神秘而幽深的感觉，即使没有陆地上的莺歌燕舞、霓虹交错，却也不乏生机盎然、色彩斑斓。提到水里最有代表性的动物，那一定就是鱼类了。鱼类是最古老的脊椎动物，它们是一种终年生活在水里，用鳃呼吸，用鳍来辅助身体平衡与运动的变温动物。鱼类的生活区域几乎占据了整个地球上所有的水环境，从淡水的湖泊、河流到咸水的大海和大洋都能见到它们的身影。据学者统计，目前已知的现生鱼类共有 24600 余种。我国有 4000 余种，常见的鱼类如草鱼、鲢鱼、带鱼、大黄鱼等。

鳞片

软骨鱼的鳞片称为盾鳞，硬骨鱼的鳞片骨鳞通常是由真皮产生而来的。

外形特征

鱼类之所以能在水里畅游无阻，主要与它们的身形有关。最常见的鱼类身形是纺锤形，有利于迅速行动，主要有青鱼、草鱼等。平扁形身形的鱼行动则较为迟缓，多营底栖生活，如鮟鱇、爬岩鳅等。棍棒形身形的代表是鳗鱼、黄鳝等，适于穴居。

多才多艺的鱼类

你一定想不到，在鱼类之中也有很多多才多艺的“高手”。例如电鳐，它们有着巧妙的猎食和御敌的方法，因为它们会发电。在电鳐头后部，左右各有一个圆形的“发电器”，这也是它们的武器，它们被称为“海底电击手”。

名字的误区

世界上很多动物的名字都叫“鱼”，但并不属于鱼类，只有用鳃呼吸、以鳍游泳的水生脊椎动物才是鱼类。我们熟知的鲸鱼，它生活在水里，但却是世界上最大的哺乳动物。还有鳄鱼、章鱼、娃娃鱼、鲍鱼等都不属于鱼类。鱼类只生活在水中，但水中并不只有鱼类一种动物。

扫一扫

扫一扫画面，立体图就可以跳出来啦！

鱼的皮肤

鱼的皮肤由表皮和真皮组成，表皮很薄，下面是真皮层。真皮层内部分布着血管、神经、皮肤感受器等组织。

两栖动物

在历史演变的过程中，有一些动物原本生活在悠然的环境之中，但是环境逐渐改变，它们为了适应新的环境，而改变了自身的一些结构或者特征。这就是古老的两栖动物，它们是最原始的脊椎动物，既有从鱼类那里继承下来的适应水生生活的性状，又发展了适应陆地生活的新性状。两栖动物幼体生活在水里，用鳃呼吸；长大以后则用肺兼皮肤呼吸，它们的一生不能长时间离开水，但也可以爬到陆地上活动，因为具有能两处生存的特征而被称为两栖动物。两栖动物是脊椎动物从水栖到陆栖的过渡类型，它们是由鱼类进化而来的冷血动物。与世界上其他种类的动物相比，两栖动物的数量是比较少的，目前大约有 7000 多种，正式被确认的种类约有 4350 种。

两栖动物的独特之处

两栖动物之所以被单独归为一类，是因为它们有许多的独特之处。除了能在水陆双栖之外，通常它们都是卵生，变态发育，皮肤裸露，能分泌黏液，依赖于湿润的环境辅助呼吸。两栖动物是体外受精，体外发育，成长中的幼体是先长出后肢再长出前肢，同时，它们有脊椎。

两栖动物的分类

两栖动物的发展历史十分悠久，在泥盆纪和白垩纪时期迷齿亚纲是最古老的两栖动物，其中还包括爬行动物的祖先，之后短期存在的壳椎亚纲是古老而特化的早期爬行动物。而从三叠纪延续到现在的滑体亚纲包括了所有现存的两栖动物，分为蚓螈目、有尾目和无尾目。

两栖动物的发展历史

作为第一批登陆的脊椎动物，两栖动物有着最长的发展历史，它们的祖先是肉鳍鱼，但是具体是起源于哪一类的肉鳍鱼还尚不明确。最早的两栖动物是泥盆纪早期的鱼石螈和棘鱼石螈，它们拥有较多鱼类的特征，但是最新研究表面，最原始的两栖动物还尚待发现。

生活习性

两栖动物的体型各异，主要包括青蛙、蟾蜍、蝾螈和鲵类等，它们的防御、扩散和迁移的能力较弱，对环境的依赖性大。虽然它们有各种皮肤保护色能做伪装，但相比于其他纲的脊椎动物种类仍然少了很多。两栖动物大多昼伏夜出，严寒酷暑时以冬眠或夏蛰的方式度过。

爬行动物

中生代时期，爬行动物极其繁盛，恐龙是爬行动物的代表，那一时期也被人们称为“恐龙的时代”。在约 6500 万年前，恐龙大灭绝，爬行动物也随之灭绝了许多种类。现生的爬行动物只是当时残余下来的一小部分，但依旧是形态各异、丰富多彩。爬行动物是由石炭纪末期的古代两栖动物进化而来的，它们是真正适应陆地生活的变温脊椎动物，并由此产生出恒温的鸟类和哺乳动物。爬行动物不仅在外形上进一步地适应了陆地生活，就连它们的繁殖也摆脱了水的束缚，与鸟类、哺乳动物共称为羊膜动物。度过了整个中生代又残存到新生代的爬行动物只有龟鳖类、鳄类和有鳞类，还有极少的一部分喙头类可以看作是爬行类的活化石。

蛇

蛇也是爬行动物中的一员，你相信吗？别怀疑，这确实是真的。虽然蛇没有四肢，但它符合爬行动物的特征。蛇爬行时采用典型的爬行方式，是腹部着地，匍匐前进。它们的身体表面覆有鳞片或角质板，用肺呼吸，体温不恒定，随着外界的温度变化而变化，所以蛇要在冬天的时候冬眠。总之，爬行动物的特征蛇都符合，所以即使没有四肢，它也属于爬行动物。

爬行动物的生活习性

人们常见的蛇、蜥蜴、龟、鳖、鳄鱼等，都属于爬行动物，它们和两栖动物一样，没有完善的保温装置和体温调节功能，自身的能量很容易丧失，需要从外界获得需要的热量。爬行动物是“外热源动物”，它们能通过自己的行为调节体温，比如去阳光照射的地方取暖以提高体温，去树下或者岩洞中乘凉以降低自己的体温。

外形特征

爬行动物的头骨全部骨化，外部覆盖有膜；颈部明显，头部能灵活地转动。除了蛇以外，爬行动物通常都有 2 对 5 趾突出的掌肢，少数掌肢是 4 趾突出。水生的爬行动物掌肢形状如船桨，趾、肢间有蹼相连，有利于游泳。爬行动物的四肢从体侧横出，不便直立，体腹长时间着地爬行，只有少数腿形轻盈的爬行动物能迅速疾行。

鸟类

在春暖花开的季节，放眼望去是一片蔚蓝的晴空，偶尔会从你眼前划过几道影子，别怕，那是鸟儿来了。鸟类的生活区域十分广泛，陆地上、树梢上、水面上、天空中都经常能看到它们的身影。鸟类是脊椎动物亚门的一纲，它们最大的特征就是全身覆盖着羽毛，前肢成翼，多飞翔生活。鸟类是卵生的恒温动物，胚胎外有羊膜，它们的呼吸器官除肺以外还有辅助呼吸的气囊。地球上的鸟类一共分为六大类，分别是游禽、涉禽、攀禽、走禽、鸣禽和猛禽，这六类统称为鸟类的六大生态类群。目前全世界已发现的鸟类约有9021种，我国约有1300种。你知道吗，我们常见的鸡、鸭、鹅也属于鸟类，它们也是会飞的动物，只不过它们并不像其他鸟类能飞得那么高。

鸟类的翅膀

鸟的翅膀是它们飞行的“利器”，而翅膀的形状是由羽毛决定的，随着翅膀扇动，其下方的空气形成了阻力，由于飞行羽毛羽片的大小不同，翅膀两边的阻力也不同。不同鸟类翅膀的大小和外形是不同的，据说，飞机两翼的灵感就是源自鸟的翅膀。

鸵鸟与蜂鸟

世界上体型最大的鸟是鸵鸟，最大的雄性鸵鸟身高可达 2.75 米左右，体重可达 160 千克。虽然鸵鸟的双翅已退化，但是它们有一双长而有力的腿，跑起来速度相当快。世界上体型最小的鸟是蜂鸟，它们体重只有 2 克左右，一张长嘴约占 4 厘米左右，因其在飞行时两翅振动的声音嗡嗡嗡如蜜蜂，因此被称为蜂鸟。

红腹锦鸡

红腹锦鸡也叫“金鸡”，是我国特有的鸟种，主要分布在我国甘肃和陕西南部的秦岭地区。红腹锦鸡雄鸟头上有金黄色丝状羽冠，上体背部是深绿色。雌鸟头顶和后颈呈黑褐色，其他羽毛都是棕黄色。红腹锦鸡是非常著名的观赏鸟，它们的羽色赤、橙、黄、绿、青、蓝、紫俱全，远远看去就是一道“会移动”的风景。

哺乳动物

动物界物种中，分布最广泛的一类就是哺乳动物。哺乳动物体温恒定，是脊椎动物中身体结构和功能行为最为复杂的最高级动物类群，因为它们能通过乳腺分泌乳汁来给幼体哺乳而得名。哺乳动物在世界各地均有分布，分为草食、肉食和杂食三种类型。哺乳动物有着高度发达的神经系统和感官，能协调复杂的机能活动和适应多变的环境条件，体温较高而且恒定，对环境的依赖性并不大。大多数哺乳动物都具有快速运动的能力，在多种环境中都能适应并生存。

哺乳动物的特征

➡ 哺乳动物的身体结构复杂，和其他类群动物的大脑结构、恒温系统以及循环系统都有区别。它们大多数属于胎生、具有毛囊和汗腺等共同的特征。哺乳动物的外形多样，最小的是体长只有 30 毫米且带有翅膀的凹脸蝠，最大的是体长可达 33 米的蓝鲸。

哺乳动物

哺乳动物区别于冷血动物，它们有着完善的血液循环系统，同时体表的皮毛和其他体温调节的机制为它们提供了稳定的内环境。

人类

想一想，在生活中我们每天都要接触到的事物是什么呢？除了自然赋予我们的空气之外，我们接触最多的就是人。人与人的接触，可能是面对面的交流，可能是书本文字的表达，也可能是信息媒体的传递。我们的生活离不开人的智慧和创造，从林立的高楼大厦到穿行的车辆，从生活必备的服装鞋帽到各具特色的美食小吃，可以说我们身边的每一样事物，都是人类智慧的结晶。在生物学上人的学名是"智人"，与黑猩猩、大猩猩、长臂猿等同属于人科的灵长目动物。但是，人类与其他灵长目动物存在着区别，主要体现在人类有直立的身体、高度发达的大脑以及超强的推理能力和语言能力。

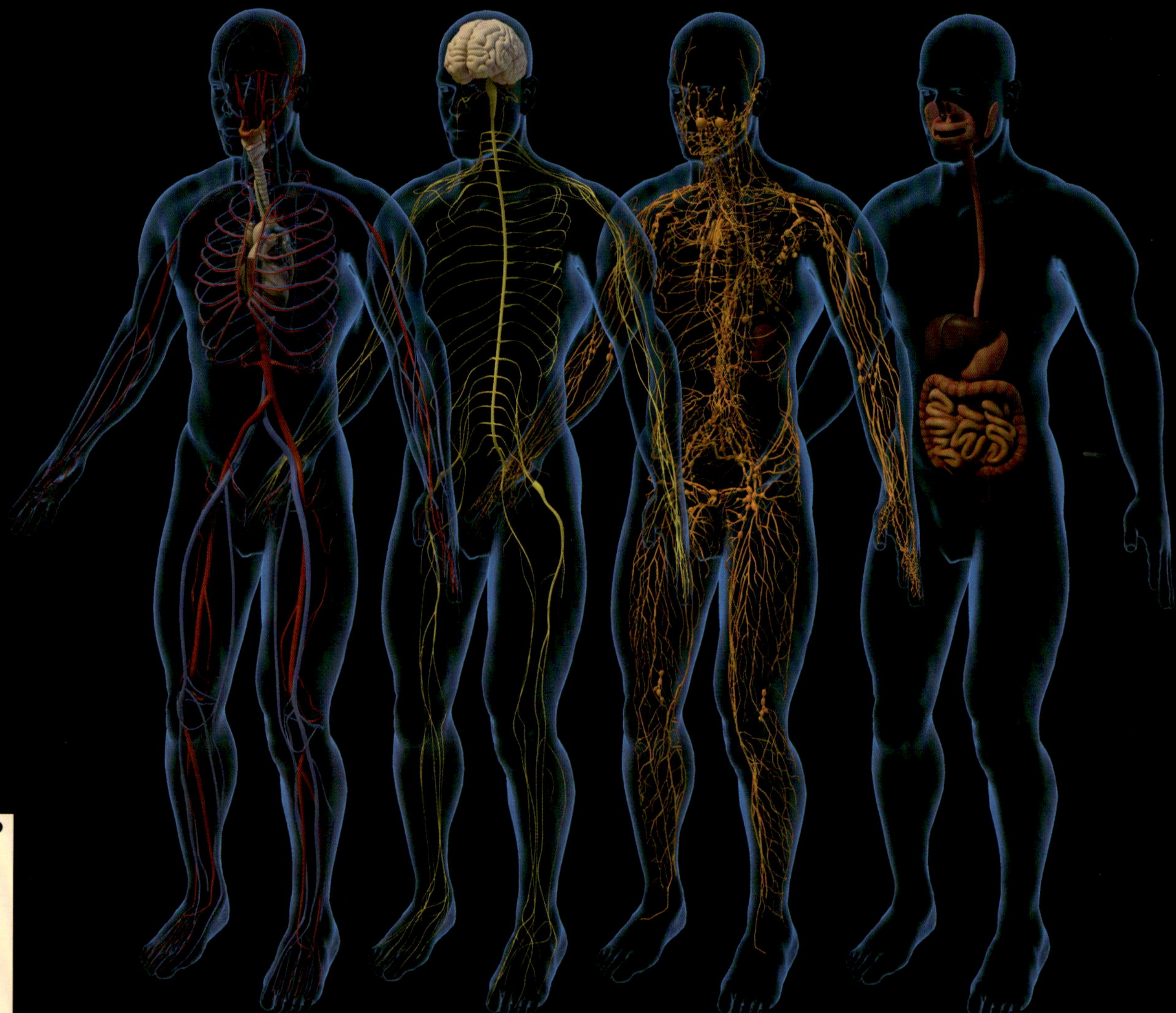

世界上的主要人种

你一定在生活中或电视上看见过与你肤色不同的人，世界一共有四大人种，我们黄种人只是其中之一，主要分布在亚洲。除此之外，还有主要分布在非洲的黑种人、主要分布在大洋洲的棕种人和主要分布在欧洲的白种人。

人类之间的交流"工具"

语言是人类交流交往的重要工具，也是人类最主要的表达方式。动物之间也有特定的交流方式，很多动物也可以发出声音，但是，动物之间的"语言"相比人类的语言则单调了许多。人类的语言因地域和人种的不同而有差异，在同一地域的人也有不同的交流语言。如我国的官方语言是汉语，而在我国不同的省市还有地域方言。

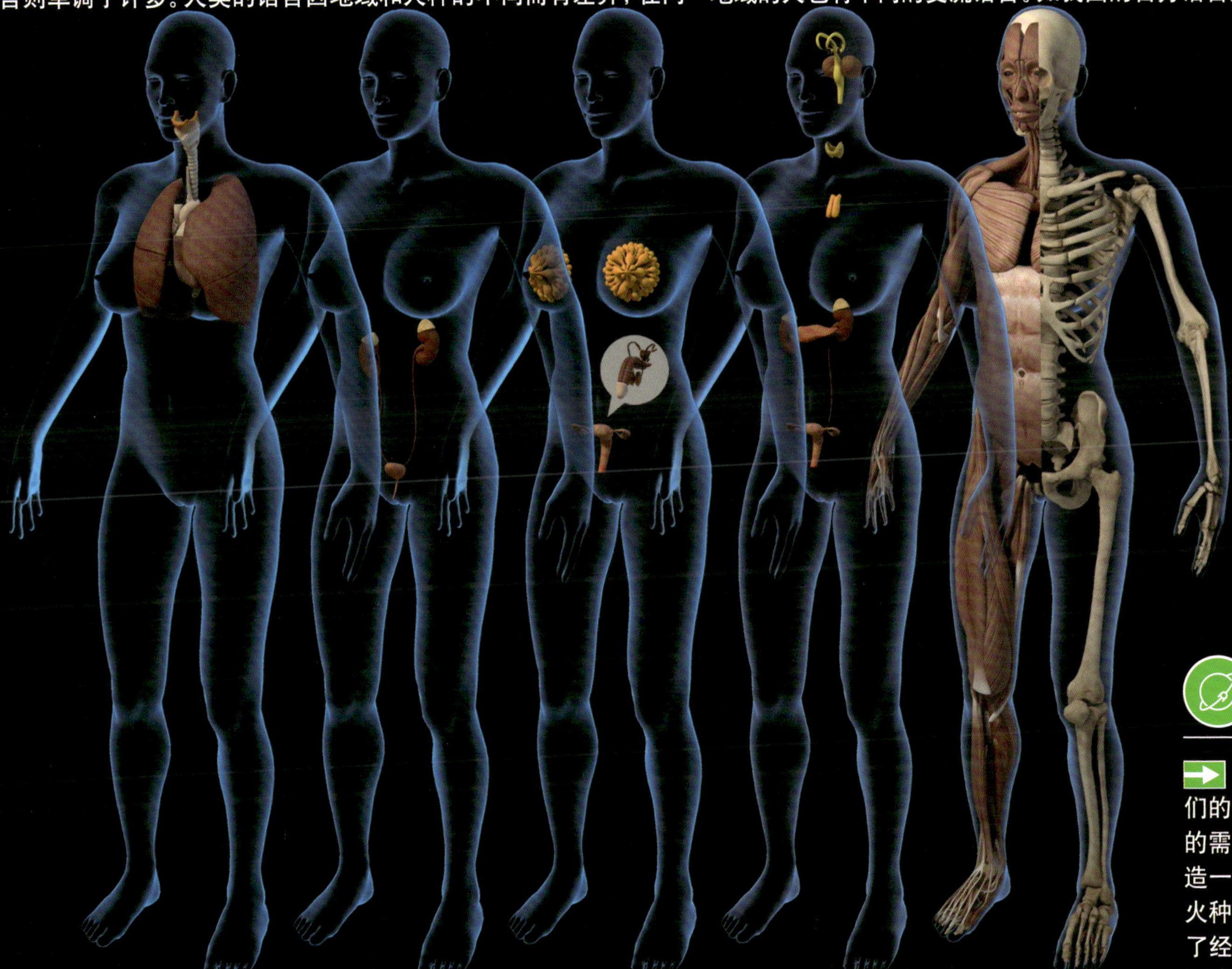

遗传因素

人的五官、身体素质甚至是习惯，都受遗传因素的影响，因此子女和父母通常会长得很像。

劳动促进人类的进步

现在生活的物质条件如此之丰富，离不开人们的劳动创造。在原始社会时期，人们由于生存的需要便开动脑筋进行了创造。最初人们只能制造一些简单的劳动工具，那时的生产方式是刀耕火种。随着逐渐发展，人们在劳动中发现并总结了经验，于是一种种发明创造接连诞生，才成就了我们现在多彩的生活。

第八章 岩石与矿物

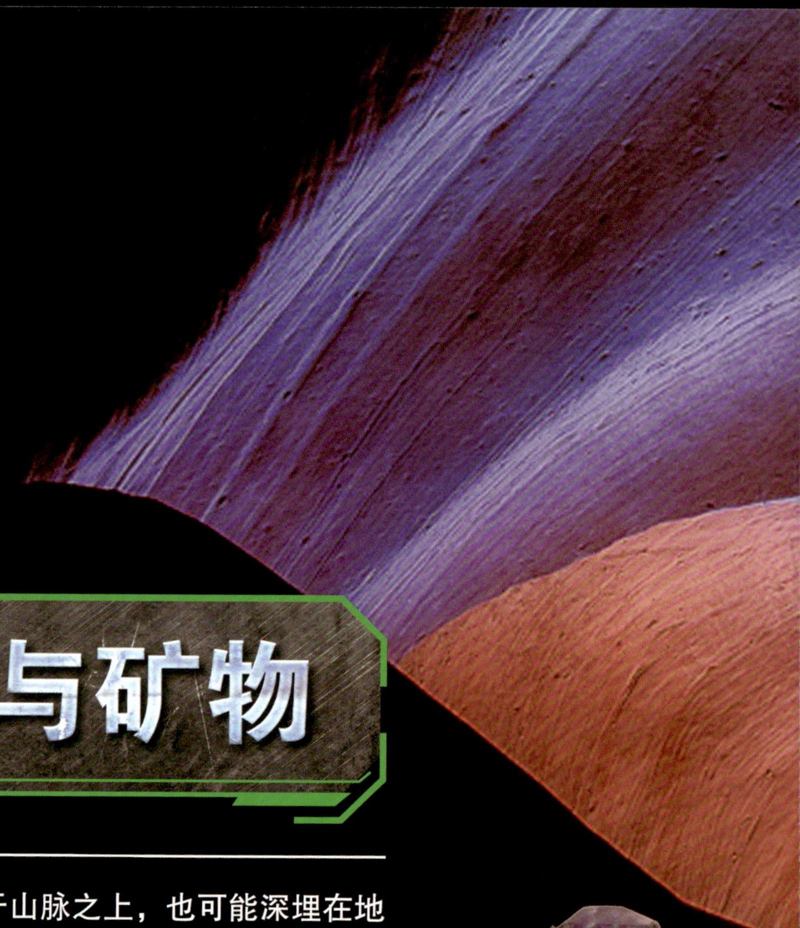

在地球上存在着多种多样的岩石与矿物，它们可能存在于山脉之上，也可能深埋在地下，还可能是沙滩上漂亮的鹅卵石，这都是地球上的宝藏。这一章将生动地为你讲述矿物和岩石的形成原理，以及它们的构成元素，相信你一定会非常感兴趣的。

元素

在新年时分，烟花是一个重要的角色，当上一秒绿色的“绒球”散开以后，下一秒就迎来了金色的“柳条”，人们欣赏它变幻莫测的美丽。烟花总是在天上“开放”，在绽开之前“藏”在一个纸盒或纸筒之中。烟花美丽的色彩是怎样形成的？让烟花美轮美奂的物质其实是元素。元素是指自然界中的一百多种基本的金属和非金属物质，它们只由一种原子组成，常见的元素有氢、氮和碳等。当不同的元素“碰撞”在一起时，就会产生化学反应。化学元素很神奇，但同时也是比较危险的物质，我们在没有足够知识储备的情况下，不要轻易尝试。

化学

化学是一种自然科学，也是初高中的一门重要的课程。化学在分子和原子的层次上研究物质的组成、性质、结构以及变化规律等，与人类进步和社会发展的关系非常密切。化学是人类认识世界和改造世界的主要方法之一，它的成就是社会文明的标志。

化学元素的认识

化学元素是具有相同核电荷数的一类原子的总称，它们能构成一切物质，但是用一般的化学方法却不能使之分解。现在，人们对化学元素的认识并没有完结。物理学中关于核粒子的研究还在深入开展，也许未来将会对化学元素有新的认识。

化学元素的应用

化学元素有气体元素、金属元素和非金属元素，它们的用途十分广泛。氢元素是气体元素，是元素中质量最轻的，在工业上广泛应用；氦元素也是气体元素，透明无味，可以用来填充灯泡和温度计等，液态氦常用来做制冷剂。锂元素用于原子能工业和冶金工业，也能用来制造特种合金和特种玻璃；铍元素应用于原子能工业中，铍铝合金能用来制造飞机、火箭等。

元素周期表
1 H
氢
1.00794

岩石

在小河边，伴着潺潺流水和温柔的清风，会让人感觉神清气爽。在这里，人们环顾周围的美景，感叹河水的清澈，但是却往往忽略了自己脚下那细小的美丽。脚下的美丽指的是什么呢？就是那些默默躺在河边的石头，它们经过河水的多次冲刷，在阳光下格外耀眼和美丽。石头其实是大岩石遇到外力而脱落下来的小岩石，它们的体积大小不一，表面或光滑或粗糙，通常呈棱角状或者是椭圆形。岩石是由一种或几种矿物和天然玻璃组成的，具有能稳定外形的固态集合体。岩石是地壳的组成物质之一，是构成地球岩石圈的主要成分，其中，长石是地壳中最重要的造岩成分。岩石在人类早期进化中有重要的意义，是人类早期工具的来源，因此，人类的第一个文明被称为“石器时代”。

岩石的种类

岩石的种类有很多，其中之一是火成岩，是由熔岩或岩浆冷却后凝固而成的岩石。由风化物质、火山碎屑、有机物及少量宇宙物质经过搬运、沉积与成岩作用形成的层状岩石是沉积岩。而原有的岩石经过变质作用形成的岩石是变质岩。此外，还有孔雀石、英石、鹅卵石等。

岩石是怎样形成的

在地球形成之初，地核的引力把宇宙中的尘埃吸收到地球上，就这样，凝聚的尘埃变成了山石。经过风化作用的影响，山石逐渐变成了岩石。虽然所有的岩石都会风化，但是风化的条件和速率是不同的，经过对不同条件下风化岩石的观察，人们得知了岩石风化的主要因素是岩石特征、气候和地形条件等。

岩石的应用

岩石作为一种自然的馈赠，用途是比较广泛的。大理石岩面质感细致，常被用作墙面装饰和地砖，一些著名的岩石雕像也是用大理石做成的。而一些具有坚硬、耐久、颜色美丽且透明特点的岩石则被用作一些名贵的装饰品，被称为宝石。此外，不同的岩石有不同的作用，如石英是制造玻璃和半导体的材料，方解石是制造水泥的主要原料，滑石通常用来制造爽身粉、化妆品等。

二氧化硅

大多数的岩石中都含有二氧化硅，岩石中的硅含量是决定岩石属性的重要因素之一。

矿物

你观察过路边的石头吗？不知道你有没有发现，有些石头上就像点缀着许多细小的亮片一样，在阳光的在照射下能闪闪发光。这些闪光的物质是什么？它们就是矿物。矿物通常是自由产出且内部的原子、离子排列有序的均匀固体，这其中的自然产出是指矿物由地质作用形成。矿物具有相对固定的化学成分和性质，是组成岩石和矿石的基本单位。能被称为“矿物”的必须是均匀的固体，必须具有特定的化学成分，必须是无机物，因此，从以上条件来看，煤和石油不属于矿物。在现代概念中，矿物必须是天然产出的物体，它们有别于人工制备的产物。而那些由人工合成，各方面的特性均与天然产出的矿物相同或相近的产物，如人造金刚石、人造水晶等，则称为人工合成矿物。

矿物的成因

矿物是化学元素通过地质作用等过程发生运移、积聚而形成。形成矿物的主要作用之一是岩浆作用，它发生于温度和压力都比较高的条件下，从岩浆结晶析出橄榄石、辉石、闪石、云母等主要造岩矿物，它们组成了各类岩浆岩。此外，区域变质作用也是形成矿物的地质作用。

矿物的形态与颜色

矿物千姿百态，其单体大小不一，有些用肉眼就能看见，而有些则要借助显微镜才能观察到。就其形状来说，有些晶形呈规则的几何多面体形态，有些则是存在于岩石或土壤之中的不规则颗粒。矿物的颜色也是多种多样的，它们能产生颜色的原因是内部电子跃迁过程和物理光学过程所致。

矿物的不同特征

矿物在空间上共存的情况称为组合，组合之中的矿物若属于同一成因和同一成矿期形成的，则它们的关系是共生，反之则是伴生。矿物的共生、伴生、组合与生成顺序，能有助于探索矿物的成因和生成历史。同一种矿物在不同条件下形成时，它们的成分、结构、形态或物理性质上可能会表现出不同的特征，它是反映矿物的生成和演化历史的重要标志。

矿物如何分类

矿物的分类方法有很多种，早期曾经采用以化学成分为依据的化学成分分类，后来有以元素的地球化学特征为依据的地球化学分类，以矿物的工业用途为依据的工业用途分类等。比较广泛的分类方法是根据矿物的不同性质和用途，对矿物进行工业分类，分为金属矿物类和非金属矿物类。

金属

你知道什么是金属吗？它在自然界中广泛存在，在生活中的应用也极为广泛，是现代工业中非常重要和应用最多的一类物质。金属家族成员有金、银、铜、铁、锌等。在标准大气压及 25℃的常温下，金属中只有汞是液态的，其他金属都是固体。金属根据不同的划分标准被分为不同的类型。生活中，金属可以说是无处不在，大到铁路、轮船、栏杆，小至硬币、螺丝钉甚至是弹簧等都是以金属为原材料做成的，它是一种具有光泽、富有延展性，容易导电、导热的物体。

合成金属

由两种或两种以上化学元素，且其中至少有一种是金属元素组成的具有金属特性的物质称为合成金属。由两种元素组成的合成金属称为“二元合金”；而三种或三种以上金属组成的合成金属称为“多元合金”。合成金属的性质和结构，由其组成部分之间相互作用的特性所决定。

有色金属

有色金属又称“非铁金属”，是除了铁、锰、铬以外的所有金属的统称，它还包括有色合金。有色合金的强度和硬度比一些纯金属高，电阻比纯金属大，具有良好的综合机械性能。

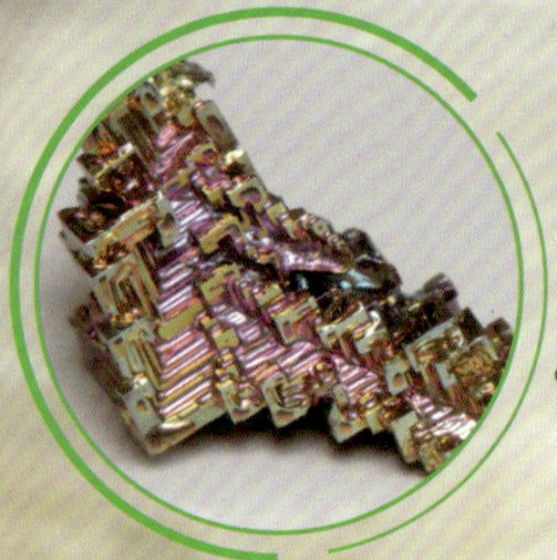

金属有哪些用途

金属元素是化学元素的重要组成部分之一，是人们生产生活中重要的物质资源。钨是金属元素中最难挥发和最难融化的一种，因此它被用于制造灯泡中的钨丝，也用于电子仪器、光学仪器等。铬是银白色金属，抗腐蚀性较好，人们利用这一优势，研制出了不锈钢；现在不锈钢和镍铬制品已经在生活中非常常见，广泛应用于医疗器械和餐具等领域。

常用的有色合金包括铝合金、铜合金、镍合金、锡合金等。

化合态

地球上绝大多数金属元素是以化合态的形式存在于自然界中。

煤炭与琥珀

大自然创造了许多作品，它鬼斧神工般的技艺令人折服，你一定想象不到，植物也是大自然家族中的一位“艺术家”。植物能在炎热的夏季为我们遮阳挡雨，但是，你知道吗，寒冷的冬季为我们带来温暖的也是植物。植物茎和叶经过时间的沉淀，形成了可燃物质——煤炭。煤炭被誉为“黑色的金子”，是18世纪以来人类使用的主要能源之一，也是地球上蕴藏量最丰富、分布地域最广的化石燃料。植物除了带给我们煤炭以外，它们的分泌物也是它们送给人类的礼物，那就是天然形成的琥珀。琥珀是一种透明的生物化石，它们是植物分泌的树脂滴落到地上，经压力和热力的作用石化形成，颜色美丽，富有光泽。

煤炭与环境

煤炭给人们带来好处的同时，也于无形之中对环境产生了严重的威胁。煤炭开采大多数以地下矿井开采为主，这种开采方式会导致地表塌陷，甚至会导致部分土地出现盐渍化现象，对土地资源和生态环境造成严重的破坏。同时，煤炭开采会对水资源和大气造成污染。煤炭开采过程中会产生一种叫作煤矸石的固体废物，对环境的污染也十分严重。

煤炭是怎样形成的

煤炭是植物的枝叶和根茎经过千百万年，在地面上堆积成的一层极厚的黑色腐殖质。由于地壳的不断运动而被埋入地下，因为长期与空气隔绝，加之处于高温高压之下，所以这些腐殖质经过一系列复杂的物理和化学变化，逐渐形成了黑色可燃的沉积岩，这就是煤炭。

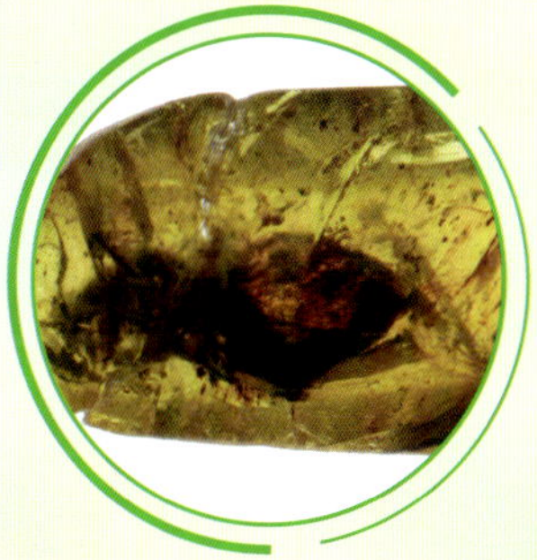

虫珀

包裹着昆虫或者是其他小生物的琥珀被称为是虫珀，所有种类的琥珀，体内都有包裹小虫子的可能，而缅甸虫珀内的昆虫则相对要古老一些。缅甸琥珀形成于白垩纪，那时地球上的物种与现在完全不同，因此缅甸虫珀更具有收藏和科研价值。

最古老的琥珀

2016 年，中国科学家发现了迄今为止世界上最古老的琥珀，年龄约为 9900 万年。

琥珀的历史

琥珀诞生于始新世，它属于非结晶质的有机物半宝石，玲珑轻巧，触感温润细致。琥珀自古以来就被视为是珍贵的宝物，因为它来自松树脂，而松树在我国又象征着长寿，所以琥珀也被冠以长寿的寓意。公元前 1600 年以后，波罗的海沿岸的居民曾以琥珀作为货币与其他部落交易。

宝石

“宝石”顾名思义就是石中之宝，泛指珍贵的石头，是岩石中美丽而贵重的一类。现在我们常说的宝石是指经过琢磨和抛光之后，能达到珠宝要求的石料或矿物，它们颜色鲜艳、质地晶莹、光泽璀璨，在大气和化学药品作用下不起变化，同时数量稀少。宝石包括可以制作首饰等用途的天然矿物晶体（如钻石、水晶、祖母绿、红宝石等），也有少数是天然单矿物的集合体（如冰彩玉髓和欧泊），还有少数几种属于有机材质（如珍珠、珊瑚等）。至少早在旧石器时代，非洲、中东等地的人们就已经用贝壳、骨块、牙齿和卵石来装饰自己，那时人们选择的是颜色明亮、图案美观的矿物。在装饰宝石的修正技术出现以后，人们开始选择使用不透明和软胶的宝石。随着切割技术的逐渐发展，宝石现在已经成为人们贵重首饰的装饰品。

宝石的特征

宝石在自然界主要以单晶体的形式出现，个别会出现双晶体，在形成环境比较好的情况下，会呈现出相对完整的晶体形态。宝石多呈透明体，颜色均具有单一性，密度变化的范围性很小。由于宝石是单晶体，因此在自然条件下它们的生长速度很慢，生长所需的时间很长，它们形成的晶体的体积和重量也很小。

光学效应

宝石璀璨多彩，它们在光照下会出现一些特殊的光学效应，主要包括星光效应、猫眼效应、变色效应、月光效应、油彩效应等。

各种宝石的寓意

不同的宝石有着不同的寓意。蓝宝石因其深邃而静谧的蓝色给人以高远天空、寂静大海的联想，因此，它自古以来就被东方人作为护身符；而在西方人眼中，它是“使人聪明的石头”，象征慈爱、诚实、智慧和高尚的品格。祖母绿因其特有的绿色和美丽而闻名，它象征着幸运和幸福。

宝石的分类

现代宝石学根据宝石的用途将它们分为彩色宝石、钻石和玉石三大类。彩色宝石是指那些有颜色的宝石，如红宝石、蓝宝石、祖母绿等；钻石是宝石中最受人们欢迎的一种，具有很高的硬度；玉石一类是指的是翡翠和白玉等隐晶质集合体矿物。

并不是所有的天然宝石质量都是一样的，几乎都会存在不同程度的缺陷。

钻石

在天然材料中，钻石是最硬的，它的英文名来自希腊语，是“难征服”的意思，准确地反映了钻石坚硬的特性，同时它也象征着爱情的纯洁和坚固，因此是新人们结婚首饰的首选。钻石在人们的眼中，几乎是一切美好的化身，在各种传说中，它象征了胜利、力量、勇气、幸福、友谊、青春永驻、美梦成真等。

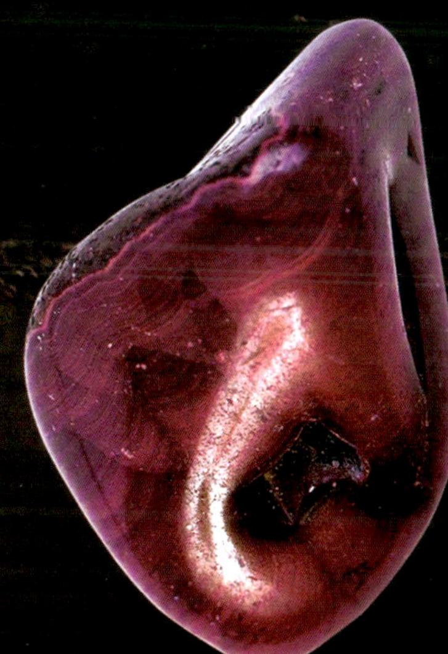

石油

汽车在生活之中很常见，它们各种各样、用途不一，为人们的出行带去了极大的便利。很多儿童也喜欢各种小汽车的玩具，通常装进电池，小汽车就可以“出发”了。但是，我们见到的马路上行驶的汽车大多数并不是依靠电池而发动的，它们有自己的“合作伙伴”，那就是汽油，而汽油正是石油的加工品。石油是一种深褐色的黏稠液体，被称为“工业的血液”，在地壳上层部分地区有储存。现在，地球上已探明石油资源可采储量的45%是埋在海底的，世界石油开采的重心，将逐渐由陆地转向海洋。

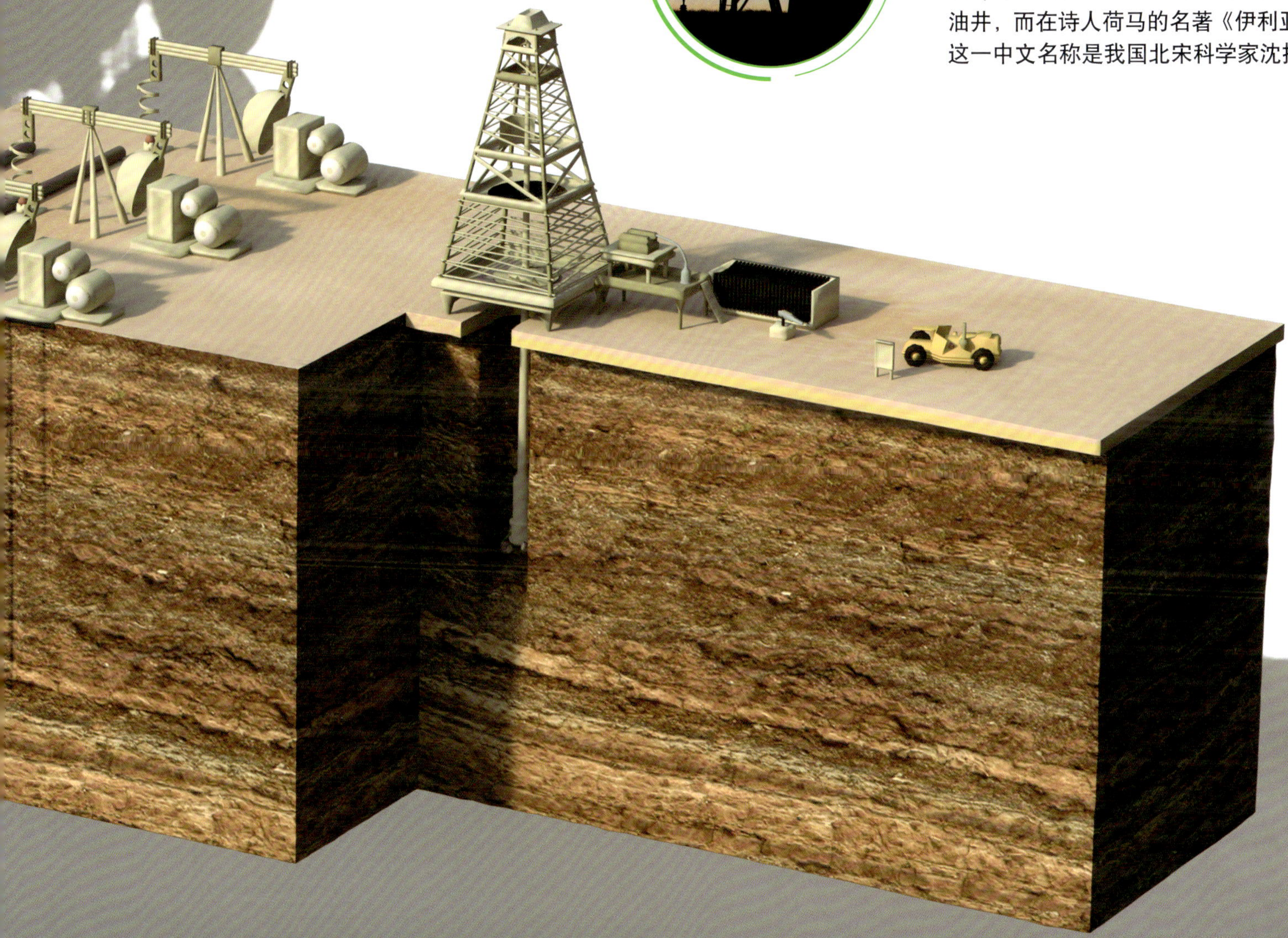

石油的历史

石油是被人们利用的比较早的资源之一，早在公元前 10 世纪之前，古埃及、古巴比伦和古印度等文明古国就已经采集天然沥青用于建筑、防腐、装饰等。公元 5 世纪，波斯帝国首都苏萨附近出现了人类用手工完成的石油井，而在诗人荷马的名著《伊利亚特》之中，也有对沥青的描述。“石油”这一中文名称是我国北宋科学家沈括第一次命名的。

石油的成分

石油是由碳氢化合物为主的物质混合而成的，它是具有特殊气味和颜色的可燃性油质液体。石油的主要成分是油质、黏性半固体的胶质、黑色固体的沥青质和碳质。构成石油的化学物质用蒸馏能分解，石油可溶于多种有机溶剂之中，但是它不溶于水，可与水形成乳状液体。

土壤

当你大快朵颐地吃着水果蔬菜时，当你欣赏茂密的森林和娇艳的花朵时，你也许会感叹世界的美好，也许会惊异于生命力的顽强，但是却总是忽略为生命绽放做出贡献的土壤。土壤是指地球表面的一层疏松的物质，在生活中极为常见，物资匮乏的年代，它就是儿童最好的“玩具”和“练习本”。不同的地域，土壤的颜色也是不一样的。我国的土壤颜色就因地区而异，在海南岛、雷州半岛和西双版纳，由于气候和降水的影响，那里的土壤颜色是砖红色。在山东半岛和辽东半岛地区，土壤呈棕色；而在东北松嫩平原中部和松花江、辽河的分水岭地区，土壤是典型的黑色。

土壤由什么组成

一把土壤，能感觉到它并不像想象中那样细腻，仔细观察，还能看到土壤中“隐藏”着的微小颗粒。土壤由各种颗粒状矿物质、有机物质、水分、空气和微生物等组成。其中有机质的含量是衡量土壤肥力的一个重要标准。

土壤是怎么形成的

土壤并不是生来就具有肥力并能使植物生长的，与生物的发育一样，土壤发育也要经历一系列的过程。土壤是一种独立的自然体，它是在各种成土因素非常复杂的相互作用下形成的。其中，母质、气候、生物、地形、时间是土壤形成的五大关键因素，这些因素具有同等重要性和互相不可替代性。

土壤污染

随着社会的发展，人口急剧增长，工业发展迅猛，越来越多的固体废物不断地向土壤表面堆放和倾倒，有害废水不断地向土壤中渗透，大气中的有害气体以及飘尘也不断地随着雨水降落到土壤中。这些因素都导致了土壤的严重污染，而土壤污染不仅会降低农作物的产量和质量，也会通过粮食、水果、蔬菜等食物间接影响人类的身体健康。

土壤中的有机质按其分解程度分为新鲜有机质、半分解有机质和腐殖质。

土壤的作用

土壤在地球上有着重要的作用，它不仅为陆生植物提供了生长必需的营养和水分，而且土壤也是动物们赖以生存的栖息场地。土壤中含有多种多样的生物，细菌、真菌、蚯蚓，甚至是少数高等动物都生活在土壤之中。土壤被称为“世界上最重要的能源”，地球上生活的所有陆生生物和一部分海洋生物都被土壤直接或间接地影响着。

土壤分类

土壤分为砂质土、黏质土、壤土三类。

化石

世界每一天都在发展变化，我们现在所看到的都是相对比较新的事物，那么消亡的旧事物我们就无迹可寻了吗？答案是否定的，因为人们已经发现了许多能够“诉说”历史的物质，它们就是化石。化石是保留在岩石中的古生物的遗体、遗迹或遗物，简单来说，化石就是生活在遥远过去的生物的遗体或遗迹所变成的石头。在漫长的地质演化过程中，地球上曾生存过无数的生物。在经历了数次灭亡事件以后，这些生物的遗体或遗迹并没有被毁灭或遗失，而是被当时的泥沙掩埋起来。在随后漫长的岁月中，这些遗体的有机质分解殆尽，坚硬的部分与包围在周围的沉积物一起经过石化作用而变成了石头，但是它们原本的形态、结构依然保留着，同样，生活的痕迹也被保留下来。

绿藻化石

最早可以被证明的归类于植物界的化石是寒武纪时期的绿藻化石。

化石的重要作用

化石是一种“会说话”的物质，人们通过化石能看到古代动物、植物的样子，从而就可以推断出古代动物、植物的生活、生长情况和生活环境，并可以推断出埋藏化石的地层的形成年代和经历的变化，可以研究出生物从古至今的发展、进化等。可以说，化石对于我们认知远古生物做出了巨大的贡献。

活化石

活化石是指这些种类曾经在重大的灭绝事件之中存活了下来，并保留了原始的特性，适应了现代的生活环境。植物活化石主要有银杏、水杉、珙桐等；动物活化石主要有我国国宝大熊猫和中华鲟、扬子鳄等。

化石是怎样形成的

生物形成化石的因素有许多，但是其中有五个是基本因素。首先，有机物必须有坚硬的部分，如牙、骨等组织；其次，生物在死亡以后能避免被毁灭；再次，生物必须被某种能阻碍分解的物质迅速地埋藏起来；复次，被埋藏的生物尸体必须要经历长时间的石化作用；最后，压实作用和结晶作用都会影响化石的石化作用和保存。但是这五大因素并不是绝对的，在条件成熟的情况下也会有特殊情况。

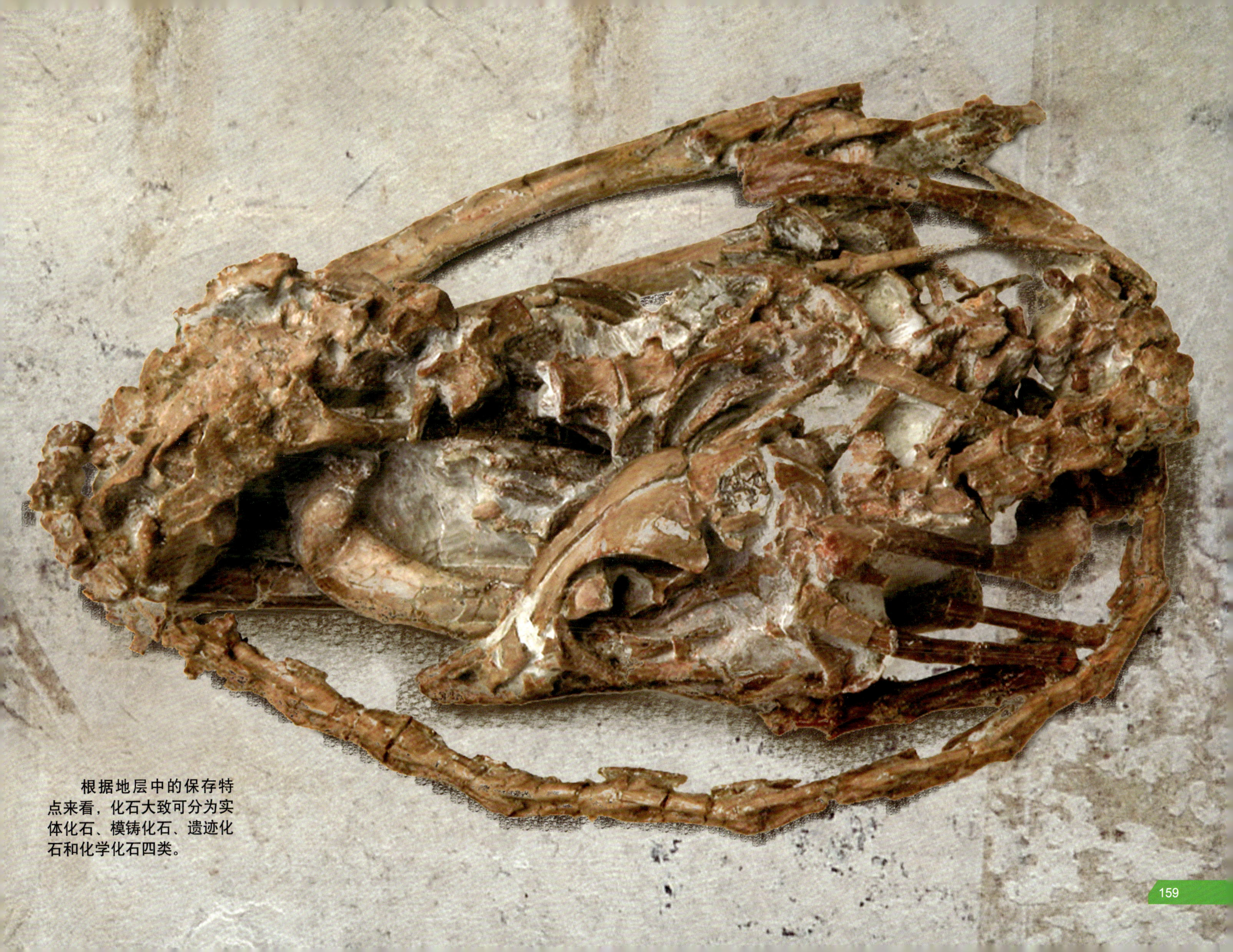

根据地层中的保存特点来看，化石大致可分为实体化石、模铸化石、遗迹化石和化学化石四类。

图书在版编目（CIP）数据

我们的家园 / 赵冬瑶，韩雨江，李宏蕾主编．-- 长春 ：吉林科学技术出版社，2023.3
（宇宙探索大揭秘 / 韩雨江主编）
ISBN 978-7-5578-9587-7

Ⅰ．①我… Ⅱ．①赵… ②韩… ③李… Ⅲ．①地球－儿童读物 Ⅳ．①P159-49

中国版本图书馆 CIP 数据核字（2022）第 156977 号

YUZHOU TANSUO DA JIEMI
宇宙探索大揭秘
WOMEN DE JIAYUAN
我们的家园

主　　编　赵冬瑶　韩雨江　李宏蕾
绘　　画　长春新曦雨文化产业有限公司
出 版 人　宛　霞
责任编辑　朱　萌　丁　硕
封面设计　长春新曦雨文化产业有限公司
制　　版　长春新曦雨文化产业有限公司
选题策划　长春新曦雨文化产业有限公司
美术设计　孙　铭　徐　波　于岫可　付传博
数字美术　李红伟　李　阳　许诗研　贺媛媛　付慧娟　曲思佰　赵立群
　　　　　马俊德　王梓豫　贺立群　边宏斌　刘　伟
文案编写　惠俊博　冯奕轩

幅面尺寸　210 ㎜×285 ㎜
开　　本　16
字　　数　172 千字
印　　张　10
印　　数　1-6000 册
版　　次　2023 年 3 月第 1 版
印　　次　2023 年 3 月第 1 次印刷
出　　版　吉林科学技术出版社
发　　行　吉林科学技术出版社
地　　址　长春市福祉大路 5788 号
邮　　编　130118
发行部电话 / 传真　0431-81629529　81629530　81629531
　　　　　　　　　81629532　81629533　81629534
储运部电话　0431-86059116
编辑部电话　0431-81629518
印　　刷　吉林省吉广国际广告股份有限公司
书　　号　ISBN 978-7-5578-9587-7
定　　价　88.00 元